Lecture Notes in Mathematics

Edited by A. Dold and B. Eckmann

Series: Institut de Mathématique, Faculté des Scien

Adviser: J. P. Kahane

421

Valentin Poénaru

Groupes Discrets

Springer-Verlag
Berlin · Heidelberg · New York 1974

Prof. Dr. Valentin Poénaru
Université de Paris-Sud
Centre d'Orsay
Mathématique-Batiment 425
F-91405 Orsay

Library of Congress Cataloging in Publication Data

Poenaru, Valentin.
Groupes discrets.

(Lecture notes in mathematics ; 421)
Includes bibliographical references.
1. Groups, Theory of. 2. Algebraic topology.
I. Title. II. Series: Lecture notes in mathematics
(Berlin) ; 421.
QA3.L28 no. 421 [QA171] 510'.8s [512'.2] 74-20698

AMS Subject Classifications (1970): 20E30, 20E40, 20J05, 55A05, 55A15, 55A25, 55A35

ISBN 3-540-06967-4 Springer-Verlag Berlin · Heidelberg · New York
ISBN 0-387-06967-4 Springer-Verlag New York · Heidelberg · Berlin

Offsetdruck: Julius Beltz, Hemsbach/Bergstr.

PREFACE

Le but de ce cours est de présenter le théorème de Stallings sur la structure des groupes à une infinité de bouts, et quelques autres choses qui s'y rattachent. Pour rédiger ces notes je me suis largement servi du petit bouquin :

J. Stallings : " Group theory and three - dimensional manifolds, Yale Univ. Press 1971"

(qui est un texte mathématique où la profondeur et l'élégance sont mélangées d'une manière qu'on rencontre très rarement).

A part ce bouquin et les différents textes qui sont cités dans la bibliographie qui s'y trouve, j'ai utilisé aussi :

(1) J.-P. Serre : "Groupes discrets"(cours au Collège de France, 1968-1969) .

(2) J.-L. Koszul : "Séminaire Bourbaki 356 (Fév. 1969)".

(3) H. Cartan : " "Séminaire 1950-1951 (Cohomologie des groupes)".

(4) M. Atiyah - Mac Donald : "Introduction to commutative algebra".

(5) C. Godbillon : "Cohomologie à l'infini......" C.R.

(6) W. Massey : "Algebraic Topology, an introduction".

(7) N. Bourbaki : "Topologie générale".

Je tiens à remercier A. Gramain, F. Laudenbach et J.-P. Serre pour les conversations utiles que j'ai eues avec eux, ou pour les pré-bouts de texte qu'ils m'ont gracieusement fourni.

Les deux premiers chapitres ont un caractère introductif. Le chapitre II, notamment est assez inutile pour la structure logique du théorème fondamental de Stallings; mais il contient des motivations heuristiques ou géométriques pour la théorie des bouts des groupes.

Je voudrais dédier ces notes à la mémoire de mon ami Tudor Ganea.

TABLE DES MATIERES

CHAPITRE I

PRELIMINAIRES DE THEORIE DES GROUPES , e.a.d.s.

1) Sommes amalgamées (de groupes) : [Les premiers deux paragraphes de ce chapitre sont complètement "supersedés" par le chapitre III, mais peuvent aider à le comprendre] .

On supposera connues les notions de présentation d'un groupe (par générateurs et relations : $\{x, r = 1\}$) , groupes de type fini (= à nombre fini de générateurs), groupes de présentation finie.

Supposons qu'on se donne trois groupes A, G_1 , G_2 et deux morphismes :

$$\begin{array}{ccc} & & G_1 \\ & \nearrow^{f_1} & \\ A & & \\ & \searrow_{f_2} & \\ & & G_2 \end{array}$$

Théorème 1.- "Il existe (dans la catégorie des groupes), un objet unique $G_1 \underset{A}{*} G_2$, muni de flèches h_1 , h_2 formant un carré commutatif :

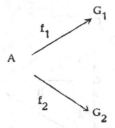

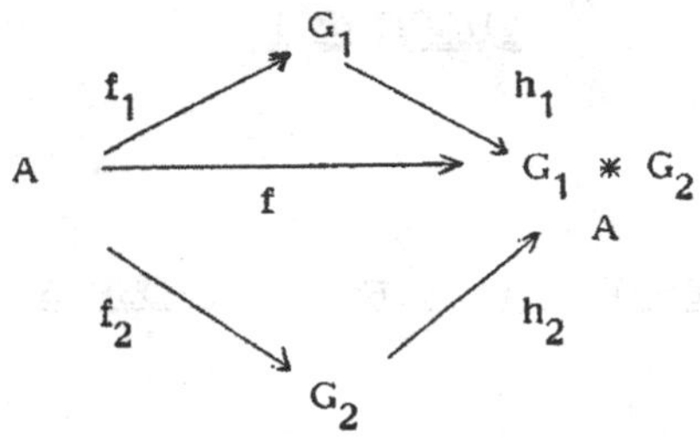

et qui résoud le <u>problème universel</u> suivant :

Chaque fois qu'on se donne un diagramme commutatif :

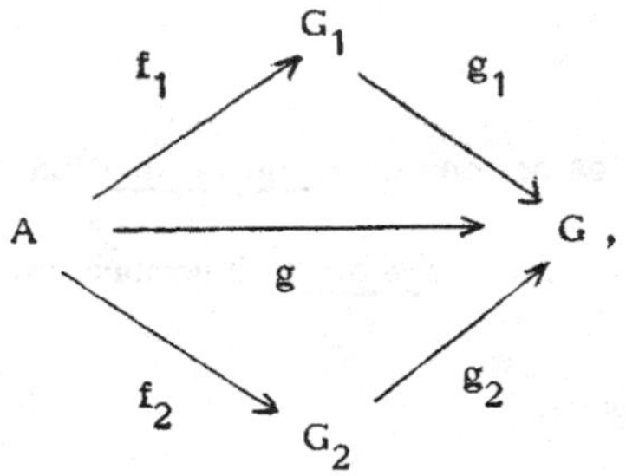

il existe un h(<u>unique</u>) tel que :

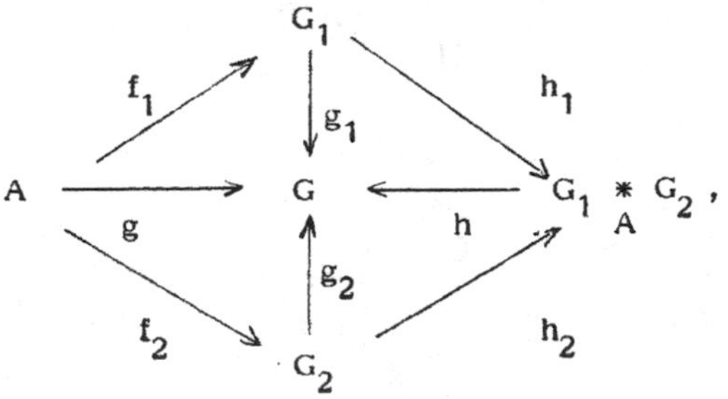

soit, aussi, commutatif !

Démonstration : a) <u>Existence</u> : On peut partir de présentations de G_1 , G_2 :

$G_1 : \{ x_i \ , \ r_j = 1 \}$

générateurs relations

$G_2 : \{ y_i \ , \ \rho_j = 1 \}$,

et d'un système de générateurs de $A = \{ a_i \}$. On obtient une présentation de

$G_1 \underset{A}{*} G_2$ en considérant :

$$\{ \underbrace{(x_i \ , \ y_i)}_{\text{générateurs}} \ , \ \underbrace{(r_j = 1 \ , \ \rho_j = 1 \ , \ f_1(a_i)\, f_2(a_i)^{-1} = 1)}_{\text{relations.}} \}$$

(En particulier, on remarque que $G_1 \underset{A}{*} G_2$ sera engendré par

Image h_1 $\cup$ Image h_2) .

b) <u>Unicité</u> : (Comme d'habitude dans les problèmes universels) Soient

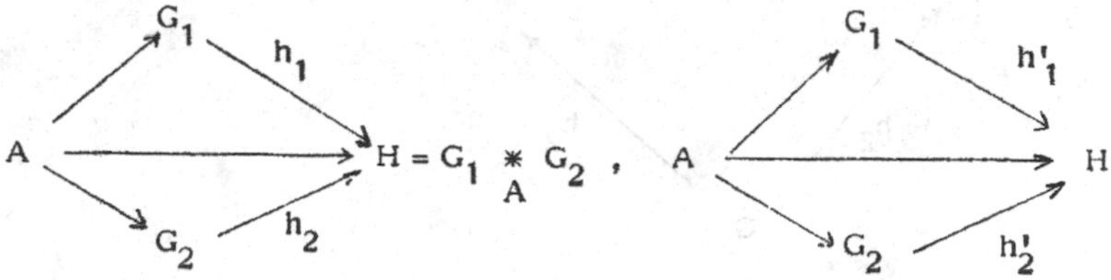

<u>deux "solutions du problème universel"</u> considéré.

On peut faire jouer à $(h'_1 \ , \ h'_2)$ le rôle de $(h_1 \ , \ h_2)$, ce qui nous donne

$H \xrightarrow[\bar{h}]{} H'$. Par symétrie, on obtient une flèche $H' \xrightarrow[h']{} H$.

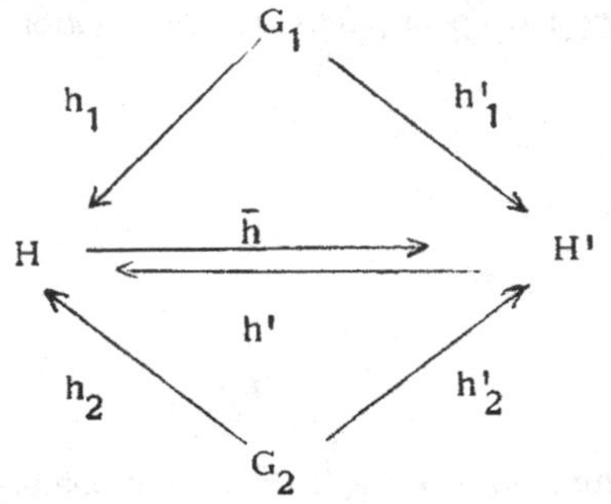

Les quatre triangles du diagramme précédent étant co mmutatifs, on a le diagramme commutatif :

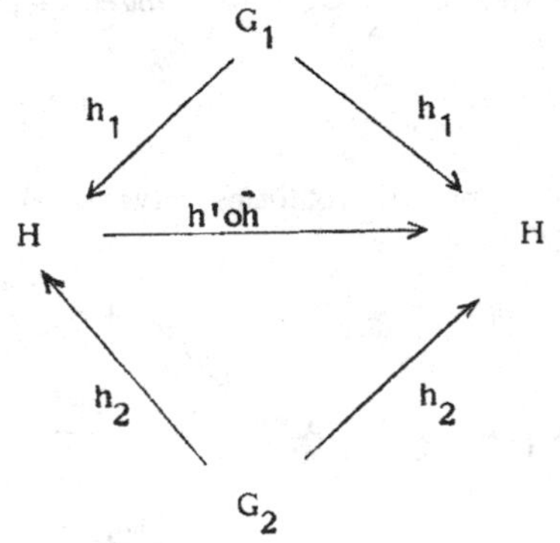

L'unicité de la flèche h (dans l'énoncé du problème universel), fait que $h'o\bar{h} = id(H)$. D'une manière analogue $\bar{h}oh' = id(H')$, e.a.d.s. □

Exemples :

1) $Z/pZ \underset{Z}{*} Z/qZ = \{1\}$, si $(p,q) = 1$.

(Donc : une somme amalgammée peut être $\{1\}$, sans que les deux facteurs le soient).

2) <u>Théorème de Van Kampen</u> : Soit X un espace topologique, et U_1 , U_2 deux sous-espaces (raisonnables) tels que U_1 , U_2 et $U_1 \cap U_2$ soient connexes (par arcs).

On suppose que $X = U_1 \cup U_2$.

On a des homomorphismes d'inclusion:

$$\begin{array}{ccccc} & & \pi_1(U_1,x) & & \\ & \nearrow & & \searrow & \\ \pi_1(U_1 \cap U_2,x) & & \longrightarrow & & \pi_1(X,x) \ , \\ & \searrow & & \nearrow & \\ & & \pi_1(U_2,x) & & \end{array}$$

qui donnent lieu à :

$$\pi_1(X,x) = \pi_1(U_1,x) \underset{\pi_1(U_1 \cap U_2,x)}{*} \pi_1(U_2,x) \ .$$

(voir Bourbaki, à paraître, pour une forme générale de ce théorème).

3) Si $A = \{1\}$:

$G_1 \underset{\{1\}}{*} G_2 = G_1 * G_2$ = "le produit libre des groupes G_1 et G_2 "

(abus de langage).

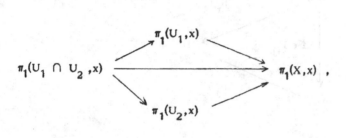

4) On a une notion plus générale : on se donne une famille de groupes $\{G_i\}_{i\in I}$, et pour tout couple $i,j \in I$, un ensemble F_{ij} (qui peut être $\emptyset$), d'homomorphismes :

$$G_i \xrightarrow[f \in F_{ij}]{} G_j \quad .$$

Par définition, la <u>limite inductive</u> de la famille, est un groupe $H = \varinjlim G_i$, muni de flèches $h_i : G_i \longrightarrow H$ qui rendent commutatif le triangle :

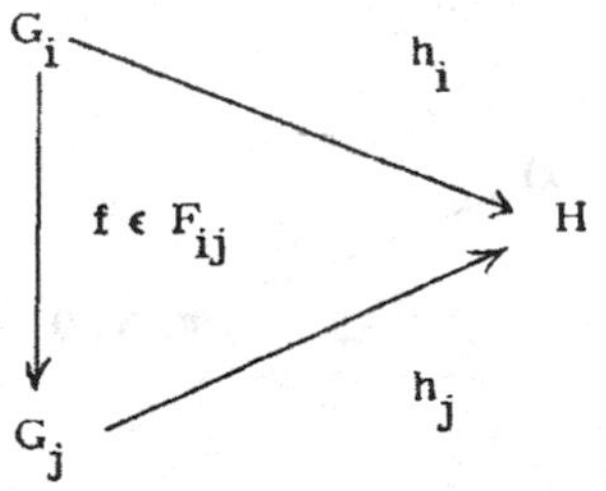

et qui est la solution du problème universel suivant : Chaque fois qu'on se donne un G et des flèches $g_i : G_i \longrightarrow G$, telles que :

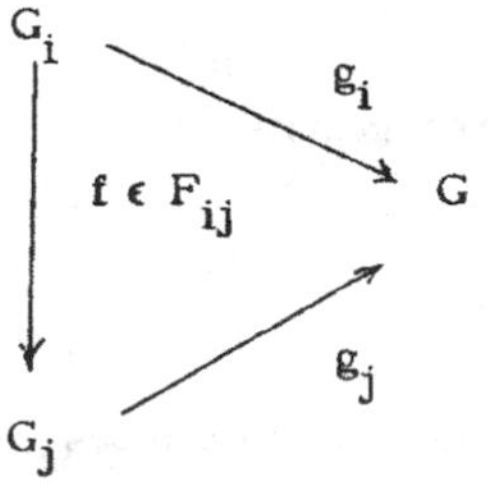

il existe une flèche (<u>unique</u>) :

$$h : H \longrightarrow G$$

qui rend commutatif le triangle :

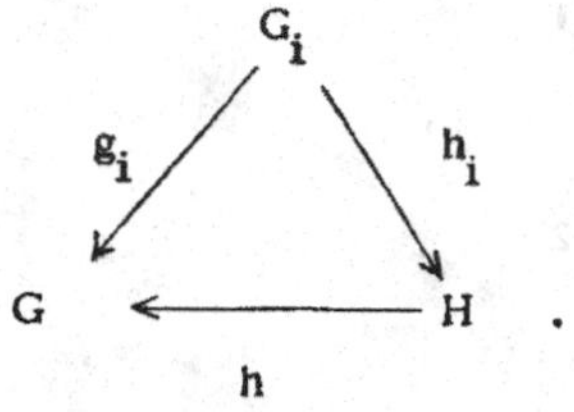

On démontre, comme avant, l'existence-unicité de H .

Comme cas particulier (de limite inductive), on a la somme amalgammée de plusieurs facteurs :

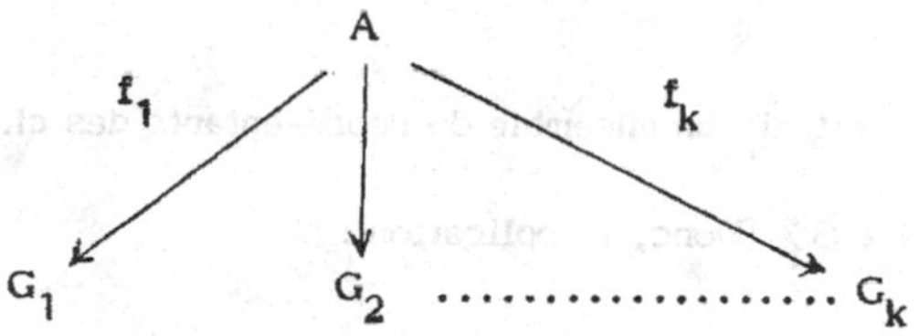

Cette opération est associative.

5) $\underbrace{Z * Z * \ldots\ldots\ldots\ldots * Z}_{p \text{ fois}} = F_p$ (le groupe libre d'ordre p). D'après Van Kampen :

$$F_p = \pi_1(\underbrace{S_1 \vee \ldots\ldots\ldots\ldots \vee S_1}_{\text{bouquet (wedge) de p cercles}}) .$$

2) <u>Le théorème de structure de Van der Waerden</u> : On considère deux homomorphismes <u>injectifs</u> :

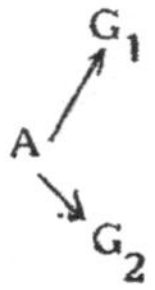

,

donnant lieu, comme ci-dessus, à :

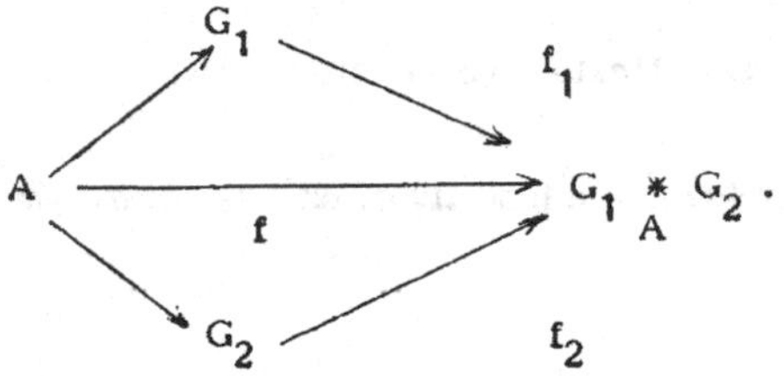

Pour $i = 1,2$, soit S_i un ensemble de représentants des classes à droite de G_i mod A, tel que $1 \in S_1$ (Donc, l'application :

$$\begin{array}{ccc} A \times S_i & \longrightarrow & G_i \\ (a,s) & \longmapsto & as \end{array}$$

est une bijection ; elle applique $A \times (S_i - 1)$ sur $G_i - A)$. Toute la théorie peut être faite pour des classes à gauche.

Soit $\lambda = (i_1 , \ldots , i_n)$ $(n \geqslant o$, $i_j \in \{1,2\})$, tel que

$$i_j \neq i_{j+1} \quad .$$

Une famille :

$$m = (a \,;\, s_1, \dots, s_n) \ , \text{ où :}$$

$a \in A$, $s_j \in S_{i_j}$, $s_j \neq 1$, s'appelle <u>mot réduit de type λ</u>. (Si $A = \{1\}$, c'est un "mot" écrit avec des lettres de $G_1 - 1$, $G_2 - 1$, successivement...).

<u>Théorème 2.</u>- "Si $g \in G_1 \underset{A}{*} G_2$, $g \neq 1$, il existe un λ comme ci-dessus, et un mot réduit de type λ, $m = (a \,;\, s_1, \dots, s_n)$, tel que :

$$g = f(a)\, f_{i_1}(s_1) \dots f_{i_n}(s_n) \quad \text{(produit d'éléments de } G_1 \underset{A}{*} G_2).$$

g détermine (λ, m) univoquement". □

Démonstration : L'existence est immédiate : vu que $G_1 \cup G_2$ engendre $G_1 \underset{A}{*} G_2$, il existe un λ tel que :

$$g = f_{i_1}(g_1) \dots f_{i_n}(g_n) \quad \text{avec} \quad g_j \in G_{i_j} \ .$$

On a :

$$f_{i_1}(g_1) \dots f_{i_n}(g_n) = f_{i_1}(g_1) \dots f_{i_{n-1}}(g_{n-1}) f_{i_n}(a_n s_n) =$$

$$= \underbrace{f_{i_1}(g_1) \dots f_{i_{n-1}}(g_{n-1}) \quad f(a_n)}\, f_{i_n}(s_n) = f_{i_1}(g_1) \dots f_{i_{n-1}}\underbrace{(g_{n-1}\, a_n)}_{= a_{n-1} s_{n-1}} f_{i_n}(s_n) = \dots \text{e.a.d.s.}$$

Pour l'<u>unicité</u>, on procède comme suit : On considère X = l'ensemble de tous les mots réduits .

Si $G = G_1 \underset{A}{*} G_2$, on peut définir une action de groupe (à gauche) :

$$G \times X \longrightarrow X ,$$

comme suit : Fixons $i \in \{1,2\}$. On a une décomposition disjointe $D(i)$:

$X = \{$ mots réduits de la forme

$$a\bar{s}_1 s_2 \ldots\ldots s_n \text{ où } \bar{s}_1 \in S_{i_1} - (1) , \quad i_1 \neq i \} \cup$$

$$\cup \{ a\bar{\bar{s}}_1 s_2 \ldots , \quad \bar{\bar{s}}_1 \in S_i - (1) \} .$$

Soit $g \in G_i$. On définit (à partir de $D(i)$) :

$$\begin{cases} g.\, a\bar{s}_1 s_2 \ \ldots = \underbrace{(ga)}\bar{s}_1 s_2 \ \ldots \\ \qquad\qquad\quad = a' s_i' \\ \\ g.a\bar{\bar{s}}_1 s_2 \ \ldots\ldots = \underbrace{(ga\bar{\bar{s}}_1)}\, s_2 \ \ldots\ldots \\ \qquad\qquad\quad = a'' s_i'' \end{cases}$$

[Pour que cette définition ait un sens, il faut bien que A s'injecte dans G_i . Autrement, par exemple, il n'y a pas un a' univoquement déterminé, tel que : $ga = a's_i$ (où g,a sont donnés à l'avance)]

Ceci c'est bien une action (à gauche) $G_i \times X \longrightarrow X$, c'est-à-dire que : $g'(g''.(\ldots)) = (g'g''.(\ldots))$.

Pour $\bar{a} \in A$ on a, à priori deux manières de définir $\bar{a}.(\ldots)$, en utilisant $G_1 \times X \longrightarrow X$ ou $G_2 \times X \longrightarrow X$, mais dans les deux cas le résultat est le même :

$$\bar{a}.(as_1 s_2 \ldots\ldots) = (\bar{a}a)s_1 s_2 \ \ldots .$$

On a donc défini une action (obtenue par la propr. universelle)

$$G \times X \longrightarrow X \quad .$$

Il existe une application canonique

$$\beta : X \longrightarrow G \ ,$$

définie par :

$$\beta(as_1 \ldots s_n) = f(a)\, f_{i_1}(s_1) \ldots f_{i_n}(s_n)) \ \text{(produit dans } G).$$

Je dis que :

$$\boxed{\beta(x)\,.\,1 = x}$$

[En effet :

$$f(a)\, f_{i_1}(s_1) \ldots f_{i_n}(s_n).\ 1 = f(a) \ldots f_{i_{n-1}}(s_{n-1}) \cdot s_n =$$

$$= (f(a) \ldots f_{i_{n-2}}(s_{n-2}) \cdot \underbrace{(f_{i_{n-1}}(s_{n-1}) \cdot s_n)}_{= s_{n-1}s_n} = \ldots].$$

Ceci implique que β est <u>injectif</u>, donc que la décomposition de $x = g$ en mot réduit est <u>unique</u>. □

Une autre formulation du même théorème :

<u>Théorème 2-bis</u> : "Soit $G'_i = G_i - A$

Pour λ fixé considérons

$$G'_{i_1} \times \ldots \times G'_{i_n}$$

A^{n-1} opère là-dessus par :

$$(a_1, \ldots, a_{n-1})(g_1, \ldots, g_n) =$$

$$= (g_1 a_1^{-1}, a_1 g_2 a_2^{-1}, a_2 g_3 a_3^{-1}, \ldots, a_{n-1} g_n) .$$

Soit $G_{(\lambda)}$ le quotient de $G'_{i_1} \times \ldots \times G'_{i_n}$ mod A^{n-1}. On a un diagramme commutatif canonique :

$$\begin{array}{ccc} G'_{i_1} \times \ldots \times G'_{i_n} & \longrightarrow & G = G_1 \underset{A}{*} G_2 \\ & \searrow \quad \nearrow_{f_{(\lambda)}} & \\ & G_{(\lambda)} & \end{array}$$

(qui définit $f_{(\lambda)}$) .

Soit $A \cup \bigcup_{(\lambda)} G_{(\lambda)}$ la somme <u>disjointe</u> de A et de tous les $G_{(\lambda)}$.

Dans ces conditions,

<u>l'application</u>

$$f \cup \bigcup_{(\lambda)} f_{(\lambda)} : A \cup \bigcup_{(\lambda)} G_{(\lambda)} \longrightarrow G$$

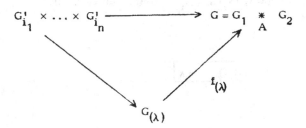

<u>est une bijection</u>." □

Démonstration : Vu le théorème 2, il suffit de montrer que chaque élément de

$G_{i_1} \times \ldots \times G_{i_n}$ admet un représentant et un seul de la forme :

$$as_1 \times s_2 \times \ldots \times s_n .$$

[Si l'on désigne par $\sim$ la relation d'équivalence mod A^{n-1} on remarque que :

$(g_1 \times \ldots \times g_n) = (g_1 \times \ldots \times g_{n-1} \times a_n s_n) \sim (g_1 \times \ldots \times g_{n-1} a_n \times s_n) =$

$= (g_1 \times \ldots \times g_{n-2} \times a_{n-1} s_{n-1} \times s_n)$ e. a. d. s. , ce qui montre l'existance du représentant.

Supposons d'autre part que :

$(a_1 , \ldots , a_{n-1}) . (as_1 \times \ldots \times s_n) = (\bar{a}\bar{s}_1 \times \ldots \times \bar{s}_n)$

On a : $a_{n-1} s_n = \bar{s}_n \implies a_{n-1} = 1$,

$a_{n-2} s_{n-2} a_{n-1}^{-1} = a_{n-2} s_{n-2} = \bar{s}_{n-2} \implies a_{n-2} = 1$

e.a.d.s.]

Remarque : Quand on reprend la même théorie pour les classes (actions) à droite, A^{n-1} opère par :

$$(a_1 , \ldots , a_{n-1}) (g_1 , \ldots , g_n) = (g_1 a_1 , a_1^{-1} g_2 a_2 , \ldots).$$

Au chapitre III on donnera une généralisation de ce résultat, due à J. Stallings. La lecture préalable du théorème 2) - 2-bis), aidera à le comprendre.

La théorie précédante s'étend mot-à-mot quand on considère une <u>injection</u> de A dans plusieurs G_i (pas nécéssairement deux).

<u>Corollaires</u>.- $g \in G_1 \underset{A}{*} G_2 \rightsquigarrow \lambda = (i_1, \ldots, i_n)$.

On a : $\lambda = \emptyset \Longleftrightarrow g \in A$. Par définition :

$$n = \mathrm{long}(g) .$$

Si $\mathrm{long}(g) \geqslant 2$, $\lambda = (i_1, \ldots, i_n)$, $i_1 \neq i_n$ on dit que g est <u>cycliquement réduit</u>.

<u>Corollaire 1</u>.- "$g \in G_1 \underset{A}{*} G_2$ est conjugué à un élément cycliquement réduit, ou a un élément de l'un des G_i " . □

Démonstration : récurrence sur long(g). Si $\mathrm{long}(g) \geqslant 2$ on écrit

$g = g_1 \ldots g_n$, $g_j \in G_{i_j}$. Disons que $i_1 = i_n$.

$$g_1^{-1} g g_1 = g_2 \ \ldots \ \underbrace{(g_n g_1)}_{\in G_{i_1}}$$

$\Longrightarrow$ $\mathrm{long}(g_1^{-1} g g_1) \leqslant n - 1$, e.a.d.s.

<u>Corollaire 2</u>.- "Tout élément cycliquement réduit est d'ordre ∞ ." □

<u>Corollaire 3</u>.- "Tout élément de $G_1 \underset{A}{*} G_2$ d'ordre $< \infty$ est conjugué à un élément de l'un des G_i .

$$\text{Si Tor } G_i = \emptyset \Longrightarrow \text{Tor } G_1 \underset{A}{*} G_2 = \emptyset \text{ " } . \square$$

<u>Corollaire 4</u>.- "Soient $H_i \subset G_i$ des sous-groupes tels que $B = A \cap H_1 = A \cap H_2$. L'homomorphisme naturel :

$$H_1 \underset{B}{*} H_2 \longrightarrow G_1 \underset{A}{*} G_2$$

est injectif."

Démonstration : On peut étendre tout système de représentants H_i mod B à un système G_i mod A , ce qui fait qu'une décomposition réduite dans $H_1 \underset{B}{*} H_2$ est automatiquement une décomposition réduite dans $G_1 \underset{A}{*} G_2$.

3) <u>Graphes associés aux groupes</u> ; <u>théorème de Nielsen-Schreier</u> (sous-groupes des groupes libres) :

Par définition, un <u>graphe</u> est un C.W-complexe de dim $\leqslant 1$. Un <u>arbre</u> est un graphe connexe et simplement connexe. Pour un graphe X , on définit la caractéristique eulerienne :

$$\chi(X) = (\text{le nombre des arêtes de } X) - (\text{le nombre des sommets de } X) =$$

$$= \nu_1(X) - \nu_0(X) .$$

Ce nombre ne dépend pas de la structure cellulaire de X . Dans tout graphe connexe X il existe un arbre maximal $Y \subset X$ tel que

$$\{\text{sommets } Y\} \equiv \{\text{sommets } X\} .$$

[Si $Y' \subset X$ est un arbre tel que sommets $Y' \neq$ sommets X , la connexité de X implique l'existance d'un sommet $a \in X - Y'$ qui peut être joint à Y' par une arête...]

X/Y est un graphe ayant le même type d'homotopie que X et ne possèdant qu'un <u>seul sommet</u>.

Si X est connexe :

$$\pi_1(X) = F_{\chi(X)+1}$$

(donc $\pi_1(X)$ est le groupe libre à $\chi(X) + 1$ générateurs). On a, aussi : $X = K(\pi_1 X, 1)$. (Car le revêtement universel $\tilde{X}$ de X , est un arbre, et <u>tout arbre est contractible</u>. (Hurewicz : $\pi_i \tilde{X} = H_i \tilde{X} = 0$)) Ceci peut se voir, aussi, directement en montrant l'existance - unicité des <u>géodésiques</u> sur un arbre).

Si $X' \longrightarrow X$ est un revêtement et X est un graphe $\Longrightarrow X'$ est un graphe et toute structure cellulaire de X induit une structure cellulaire de X' . Si le revêtement possède n feuillets $(n < \infty)$, on a :

$$\chi(X') = n . \chi(X) .$$

<u>Théorème 3</u>.- (Nielsen-Schreier) : "Tout sous-groupe H d'un groupe <u>libre</u> F est, aussi, <u>libre</u>". □

Démonstration : F est le groupe fondamental du graphe X obtenu en faisant un bouquet de p cercles, où p = ordre F . A tout sous-groupe $H \hookrightarrow F$ s'associe un revêtement $X' \longrightarrow X$, tel que, $\pi_1 X' \longrightarrow \pi_1 X$ soit $H \hookrightarrow F$. Donc $\pi_1 X' = H$ mais X' est un graphe et π_1 (d'un graphe) est libre.

Par le même argument on a le :

<u>Théorème 4</u>.- (Schreier) "Si F est libre (d'ordre fini, r_F) et si $H \subset F$ est d'indice <u>fini</u> n , on a :

$$(r_H - 1) = n(r_F - 1) \text{ ". } \square$$

(Donc plus H est "petit" (d'indice plus grand), plus son ordre <u>s'accroît</u>).

Soit $T \subset G$ une <u>partie</u> du groupe G . On définit le <u>graphe</u> $\Gamma = \Gamma(G,T)$ de la manière suivante :

sommets $\Gamma = \{G\}$ = l'ensemble G

arêtes $\Gamma = \{[g,gt], \ g \in G \ , \ t \in T\}$.

Le graphe $\Gamma = \Gamma(G,T)$ possède une <u>orientation</u> naturelle. [une orientation consiste à donner 2 fonctions

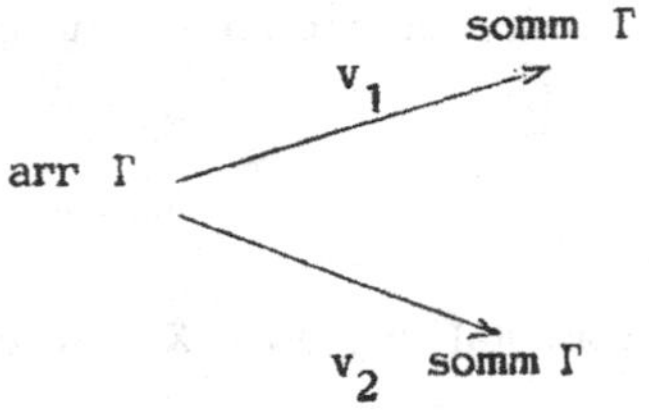

qui précisent la "première" et la "seconde" extrémité d'une arête $\alpha \in$ arr.Γ.

"Abstraitement" le graphe <u>orienté</u> $\Gamma(G,T)$ est défini comme suit :

somm $\Gamma = G$

arr $\Gamma = G \times T$

$v_1(t,g) = g$

$v_2(t,g) = gt$.

[Le lecteur remarquera que notre notation fait correspondre à la paire $(g,t) \in G \times T$ le segment $[g,gt] \subset \Gamma$].

<u>Exemples</u> : 1) $G = Z$, $T = \{1\}$. Γ est la droite infinie :

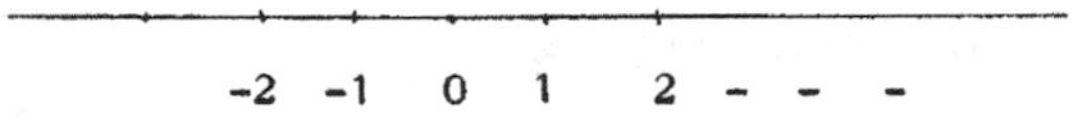

2) $G = A \times B$, $Z = A = B$, $T = \{1_A , 1_B\}$.

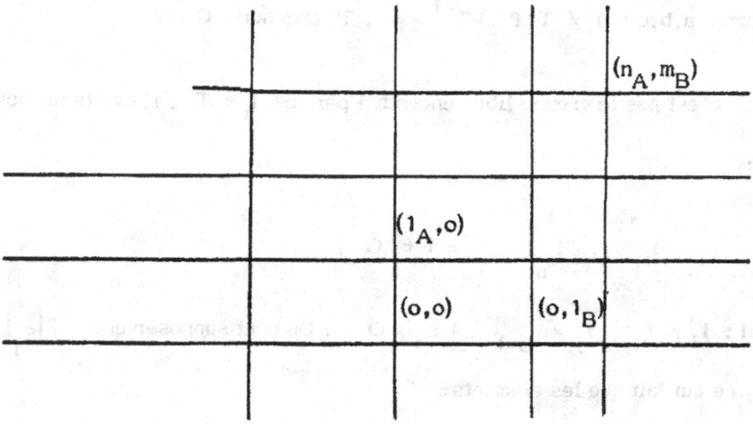

<u>Théorème 5</u>.- "Soient $T \subset G$, $\Gamma = \Gamma(G,T)$.

a) Γ connexe $\longleftrightarrow$ T engendre G .

b) Γ contient un lacet (arête avec les extrémités identifiées) $\longleftrightarrow$ $1 \in T$.

c) Γ (avec sa structure cellulaire canonique) est un <u>complexe simplicial</u>

$\longleftrightarrow$ $T \cap T^{-1} = \emptyset$.

d) Γ localement fini ($\longleftrightarrow$ localement compact) $\longleftrightarrow$ T fini.

e) Γ fini (compact) $\longleftrightarrow$ G fini.

f) Γ est un arbre $\longleftrightarrow$ G est le groupe <u>libre</u> engendré par des $t \in T$". □

Démonstration : a) -e) sont immédiates. f) se voit comme suit :

($\longrightarrow$) D'après a,b,c : $1 \notin T, T \cap T^{-1} = \emptyset$, T engendre G .

Si G n'est pas le groupe libre engendré par les $t_i \in T$, il existe un monôme non-trivial :

$$t_{i_1}^{\varepsilon_1} \dots t_{i_n}^{\varepsilon_n} = 1 \in G .$$

[Non-trivial : $i_1 \neq i_n$, $i_j \neq i_{j+1}$, $\varepsilon_i \neq 0$] . On peut supposer que $\Sigma|\varepsilon_i|$ est minimal, ce qui fait que les éléments :

$$g_j = t_{i_1}^{\varepsilon_1} \dots t_{i_{f-1}}^{\varepsilon_{f-1}} t_{i_f}^{\varepsilon'_f}$$

avec $|\varepsilon'_f| \leq \varepsilon_f$, $j = \sum_1^{f-1} |\varepsilon_i| + |\varepsilon'_f| \leq \Sigma |\varepsilon_i|$
sont 2- à 2 différents. On a : $g_{\Sigma|\varepsilon_i|} = 1$.

Les points :

$1, g_1, g_2, \dots\dots, g_{\Sigma|\varepsilon_i|}, 1 \in \Gamma$

sont les sommets d'un cycle non-trivial de Γ , donc Γ n'est pas un arbre, c.q.f.d.

($\longleftarrow$) Soit G = le groupe libre engendré par T . Pour tout mot (réduit) $t_{i_1}^{\varepsilon_1} \dots t_{i_n}^{\varepsilon_n} = g$ on appelle $\Sigma|\varepsilon|$ le poids : $\pi(g) = \Sigma|\varepsilon_i|$. ($\pi(1) = 0$). Pour chaque $1 \neq g \in G$ il existe un mot $g' \in G$ unique tel que : a) $\pi(g') = \pi(g) - 1$, b) g et g' sont joints par une arête (unique) dans Γ : $(g', t_{i_1}^{\pm 1}) = [g', g]$. Soit Γ_n = { le sous graphe formé par tous les $g \in G$, $\pi(g) \leq n$, et toutes les arêtes $[g'g]$ } .

Γ_n sont des compacts croissants qui remplissent Γ ; $\Gamma_o = 1$ (un point) ;

$\Gamma_{n+1} \searrow \Gamma_n$ (collapsing), ...

<u>Exemple :</u> $T = \{x,y\}$, $G = F_2$.

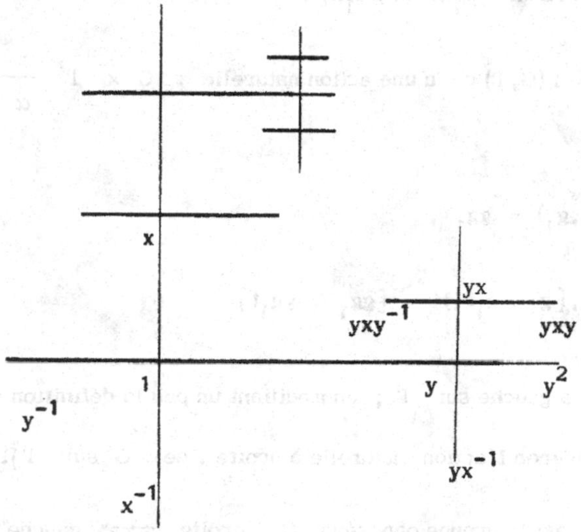

[Règle de construction pour les arêtes de Γ :

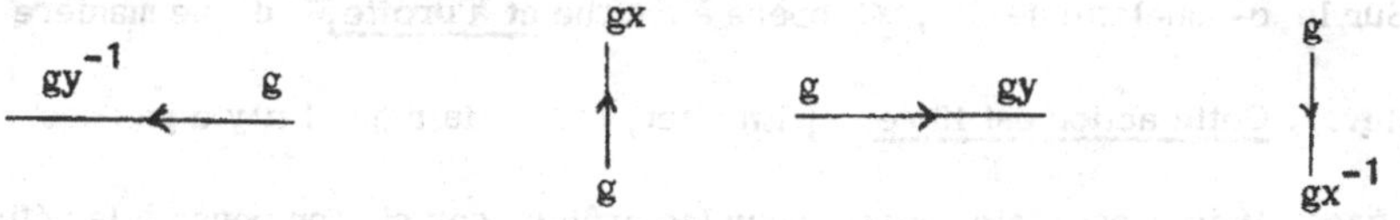

] .

On va considérer des actions (à gauche)

$$G \times X \xrightarrow[\alpha]{} X$$

où G est un groupe, X un graphe (muni d'une structure cellulaire donnée) et α une action qui respecte la structure cellulaire. On va considérer des actions libres, où aucun $G \ni g \neq 1$ ne possède des arêtes ou des sommets fixes. X/G est un graphe (muni d'une structure cellulaire canonique), et $X \to X/G$ un revêtement (galoisien, de fibre $G = \pi_1(X/G) / \pi_1 X)$.

Si $\Gamma = \Gamma(G,T)$ on a une action naturelle : $G \times \Gamma \xrightarrow[\alpha]{} \Gamma$, définie par :

$$\alpha(g,g_1) = gg_1 \ ,$$

$$\alpha(g,[g_1 \ , g_1 t]) = [gg_1 \ , \ gg_1 t]$$

(Donc G opère à gauche sur Γ ; en modifiant un peu la définition de Γ , on peut aussi bien considérer l'action naturelle à droite , de G sur Γ).

Si G^o est le groupe opposé de G (droite $\longleftrightarrow$ gauche) alors notre Γ (pour G) = le Γ' à droite pour G^o . $x \to x^{-1}$ est un isomorphisme $G \sim G^o$,...

Sur le o-squelette de Γ , G opère à gauche et à droite, d'une manière compatible.... Cette action est libre. [En effet, c'est clair qu'il n'y a pas des sommets fixes. Mais c'est clair, aussi, pour les arêtes, car si l'on pense à la définition "abstraite" de Γ , on a : : arr $\Gamma = G \times T$ et :

$$g \cdot (g_1, t) = (gg_1, t)$$

$g \in G$, $(g_1,t) \in \text{arr}\ \Gamma = G \times T$]

Remarque : Si une arête $[g_1 , g_1 t]$ est telle que (pour un certain $g \neq 1$) :

$$gg_1 = g_1 t \qquad gg_1 t = g_1$$

alors $t^2 = 1 \implies t = t^{-1} \in T$ et

$$g | [g_1 , g_1 t] \cup [g_1 t , g_1]$$

est la transformation antipodique :

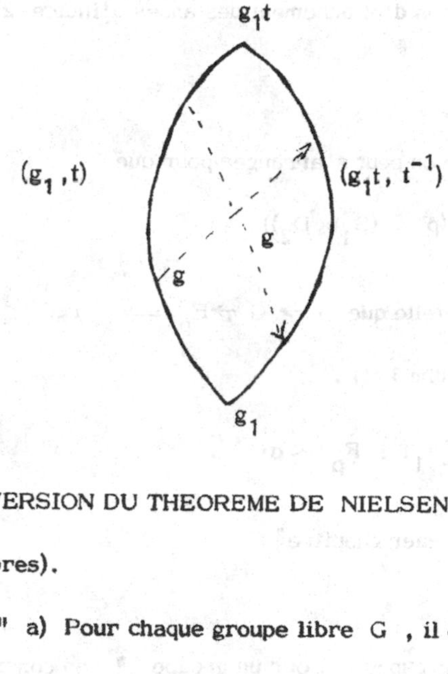

UNE AUTRE VERSION DU THEOREME DE NIELSEN-SCHREIER (Caractérisation des groupes libres).

Théorème 6.- " a) Pour chaque groupe libre G , il existe un arbre X , sur lequel G opère librement.

b) Tout groupe qui opère librement sur un arbre est libre ".

Démonstration : a) résulte de l'action libre de G sur l'arbre $\Gamma = \Gamma(G,T)$.

b) Si G opère librement sur l'arbre X , $X \to X/G$ s'identifie au revêtement universel du graphe X/G et $\pi_1(X/G) = G$. Mais π_1 d'un graphe est libre ... .

[Donc , un sous-groupe H d'un groupe libre G , opère sur un arbre $\Longrightarrow$ donc H est libre !]

Exercice : Soit V_3 une variété orientable fermée présentée comme $p \# (S_1 \times D_2)$ + (p anses d'indice 2) + une anse d'indice 3 . Soit $T = \partial(p \# (S_1 \times D_2))$ - (les courbes d'attachement des anses d'indice 2) $\subset p \# (S_2 \times D_2))$.

a) Si V_3 est irréductible on peut s'arranger pour que

$$0 \to \pi_1 T \to F_p = \pi_1(p \# (S_1 \times D_2))$$

(Donc si la nature des choses était telle que $0 \to G \to F_p \Longrightarrow$ rg$G \lesssim p$ il n'y aurait que très peu de variétés de dim 3 !) .

b) Etudier le cas Indice $[\pi_1 T : F_p] < \infty$.

[Cet exercice utilise, aussi, le dernier chapitre] .

4) Rappels sur la cohomologie des groupes : Pour un groupe π on considère l'anneau du groupe $Z[\pi]$ et des $Z[\pi]$-modules à gauche (à droite). L'homomorphisme canonique $Z[\pi] \to Z$ fait que tout Z-module hérite une structure (triviale) de $Z[\pi]$-module.

Un $Z[\pi]$-module P est <u>projectif</u> si chaque diagramme :

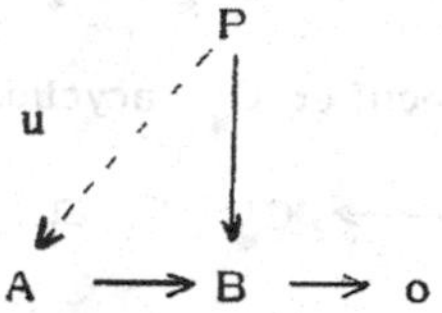

peut être complété par une flèche u. Un module <u>libre</u> est projectif.

Un $Z[\pi]$-module J est <u>injectif</u>, si chaque diagramme

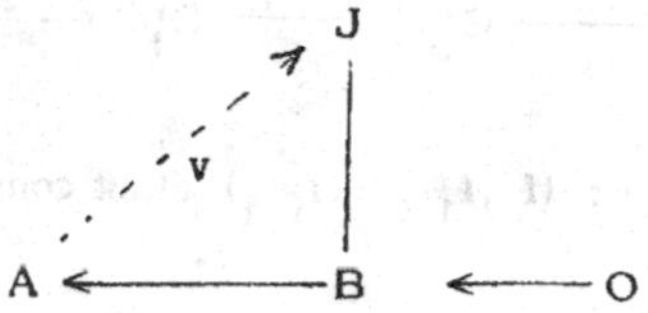

peut être complété par une flèche v.

Un $Z[\pi]$-complexe connexe C_* est une suite de $Z[\pi]$-modules et homomorphismes :

$$O \longleftarrow Z \xleftarrow{\varepsilon} C_o \xleftarrow{d_1} C_1 \longleftarrow \dots$$

où la composition de deux flèches consécutives est nulle. Si les C_i sont projectifs, on dit que C_* est <u>projectif</u>. Si la suite est exacte, on dit que C_* est <u>acyclique.</u>

[Une suite exacte

$$O \longleftarrow A \longleftarrow L_o \xleftarrow{d_o} L_1 \longleftarrow \dots$$

où les L_i sont <u>libres</u> (une résolution libre de A) peut être construite très facilement, puisque L_o représente des générateurs de A, L_1 des générateurs des "relations" entre les générateurs L_o , e.a.d.s.] .

<u>Lemme 7 ("Modèles acycliques")</u>.- "Soient C_* , C'_* deux $Z[\pi]$ -complexes (connexes), tels que C_* soit projectif et C'_* acyclique. Il existe un homomorphisme unique à homotopie près, $f : C_* \longrightarrow C'_*$ ". □

Démonstration : On construit les f_i :

$$\begin{array}{ccccccccc}
O & \longleftarrow & Z & \overset{\varepsilon}{\longleftarrow} & C_o & \overset{d_1}{\longleftarrow} & C_1 & \overset{d_2}{\longleftarrow} & C_2 \longleftarrow \cdots \\
 & & \big\downarrow{\scriptstyle id} & & \big\downarrow{\scriptstyle f_o} & & \big\downarrow{\scriptstyle f_1} & & \big\downarrow \\
O & \longleftarrow & Z & \overset{\varepsilon}{\longleftarrow} & C'_o & \overset{d'_1}{\longleftarrow} & C'_1 & \overset{d'_2}{\longleftarrow} & C'_2 \longleftarrow \cdots
\end{array}$$

de proche en proche, comme suit : $(f_o, f_1, \ldots f_{i-1})$ étant construit, on considère :

$$\begin{array}{ccccc}
C_{i-2} & \overset{d_{i-1}}{\longleftarrow} & C_{i-1} & \overset{d_i}{\longleftarrow} & C_i \\
\big\downarrow{\scriptstyle f_{i-2}} & & \big\downarrow{\scriptstyle f_{i-1}} & \swarrow{\scriptstyle f_{i-1} \circ d_i} & \\
C'_{i-2} & \overset{d'_{i-1}}{\longleftarrow} & C'_{i-1} & \overset{d'_i}{\longleftarrow} & C'_i
\end{array} .$$

$d_{i-1} \circ d_i = o \implies \text{Image}\,(f_{i-1} \circ d_i) \subset \text{Ker}\, d'_{i-1} = \text{Im}\, d'_i$.

On applique l'hypothèse que C_i est projectif, à :

$$\begin{array}{ccccc}
 & & C_i & & \\
 & & \big\downarrow{\scriptstyle f_{i-1} \circ d_i} & & \\
O & \longleftarrow & \text{Ker}\, d'_{i-1} & \underset{d'_i}{\longleftarrow} & C'_i
\end{array}$$

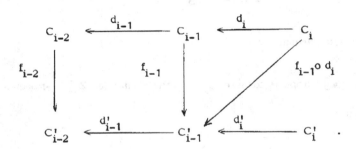

pour construire f_i .

Pour l'unicité, on considère

$$C_* \overset{f}{\underset{g}{\rightrightarrows}} C'_*$$

et on veut construire $k : C_* \longrightarrow C'_*$ de degré +1 tel que :

$$f - g = d'k + kd \ .$$

Supposons les k_i construits jsuqu'au cran $(n-1)$ et $x \in C_n$. On a :

$$f(dx) - g(dx) = d'k_{n-1}(dx) + \underbrace{k_{n-2}\, d^2x}_{=0}$$

Ceci se lit :

$$d'(f(x) - g(x) - k_{n-1}dx) = 0 \ .$$

Puisque C'_* est acyclique, $\exists$ $k_n x \in C'_{n+1}$,

t.q. :

$$f(x) - g(x) - k_{n-1}\, dx = d'k_n x \quad . \text{ q.e.d.}$$

Si A est un $Z[\pi]$-module à droite (à gauche), et C_* est un complexe, on lui associe le <u>complexe de cochaînes</u> $\mathrm{Hom}_\pi(C_*, A)$:

$$\mathrm{Hom}_\pi(C_o, A) \xrightarrow[\partial_o]{} \mathrm{Hom}_\pi(C_1, A) \xrightarrow[\partial_1]{} \dots$$

Le lemme 6 , implique que si C_* , C'_* sont deux complexes (connexes), projectifs, acycliques, il existe un isomorphisme <u>canonique</u> :

$$H^*(\mathrm{Hom}_\pi(C_*,A)) \xrightarrow[\approx]{} H^*(\mathrm{Hom}_\pi(C'_*,A))$$

(La composition des deux homomorphismes $C_* \longrightarrow C'_*$, $C'_* \longrightarrow C_*$ est homotope à $id(C_*)$ ...) . L'exemple des $K(\pi,1)$, donné plus loin, montre que des $Z[\pi]$-résolutions (acycliques) libres de Z ,existent toujours (On a donné d'ailleurs, ci-dessus un procédé pour construire une résolution libre d'un A quelconque). Ceci nous permet de définir les groupes (abéliens) de cohomologie de π , à coefficients A , en prenant une résolution projective de Z : C_* et en posant :

$$\boxed{H^*(\pi,A) = H^*(\mathrm{Hom}_\pi(C_*,A))}$$

Si l'on change de coefficients, par un $Z[\pi]$- homomorphisme $\varphi: A \longrightarrow B$, on a un homomorphisme induit, canonique $\varphi_*: H^*(\pi,A) \longrightarrow H^*(\pi,B)$ et une suite exacte de coefficients $O \to A' \to A \to A'' \to O$ donne lieu à un opérateur cobord :

$$\delta: H^{q-1}(\pi, A'') \longrightarrow H^q(\pi, A') ,$$

et à une suite exacte de cohomologie. φ_* est fonctoriel et compatible avec δ .

$H^o(\pi,A) = A^\pi = \{$le Z-module des éléments invariants de A$\}$.

[En effet, la suite exacte

$$C_1 \xrightarrow{d} C_o \xrightarrow{\varepsilon} Z \longrightarrow O$$

donne lieu à une suite exacte :

$$\mathrm{Hom}_\pi(C_1,A) \xleftarrow[\partial]{} \mathrm{Hom}_\pi(C_o,A) \longleftarrow \mathrm{Hom}_\pi(Z,A) \longleftarrow O$$

d'où :

$$H^0(\pi,A) = \mathrm{Ker} \;=\; \underbrace{\mathrm{Hom}_\pi(Z,A)}_{\ni\varphi} \;\approx\; \underbrace{A^\pi}_{\varphi(1)\,\in} \quad] .$$

$$\varphi \longmapsto \varphi(1)$$

Si A est injectif, et $q > 0$: $H^q(\pi,A) = 0$.

[Soit $\varphi : C_q \longrightarrow A$ un cocycle ($\varphi d_{q+1} = 0$) :

$$\begin{array}{ccccc} C_{q+1} & \xrightarrow{d_{q+1}} & C_q & \xrightarrow{d_q} & C_{q-1} \\ & & \downarrow{\scriptstyle\varphi} & & \\ & & A & & \end{array} .$$

φ se factorise par une flèche

$$\begin{array}{ccccc} C_q/\mathrm{Im}\, d_{q+1} & \approx & C_q/\ker d_q & \approx & \mathrm{Im}\, d_q \\ \downarrow & & & & \\ A & & & & \end{array} ,$$

donc, par l'injectivité de A s'étend à C_{q-1}] .

Exemples :

① Soit $\pi = Z/nZ$ et x le générateur. Si $Z[x]$ est l'anneau des polynômes à coefficients entiers et à indéterminée x , on a :

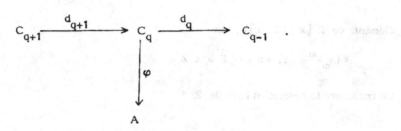

$$Z[\pi] \approx Z[x]/(x^n - 1) .$$

Soient :

$$u(x) = x - 1$$

$$v(x) = x^{n-1} + x^{n-2} + \ldots + x + 1$$

éléments de $Z[x]$ ($Z[\pi]$), et

$$\varepsilon(a_m x^m + \ldots + a_o) = \Sigma a_i \in Z .$$

On considère la résolution libre de Z :

$$(C_*) : O \longleftarrow Z \xleftarrow{\varepsilon} Z[\pi] \xleftarrow{u(x)\times} Z[\pi] \xleftarrow{v(x)\times} Z[\pi] \xleftarrow{u(x)\times}$$

où il est entendu que l'on continue périodiquement.

[L'acyclicité résulte du fait que si $P(x) \in Z[x]$, on a :

$$(x - 1) P(x) = O \ (\mathrm{mod}(x^n - 1)) \longleftrightarrow P(x) = O \ (\mathrm{mod}\, v(x))$$

$$v(x)P(x) = O \ (\mathrm{mod}(x^n - 1)) \longleftrightarrow P(x) = O \ (\mathrm{mod}(x - 1)).]$$

Considérons $A = Z$ (action triviale de π).

On a :

$$C^q = \mathrm{Hom}_\pi(Z[\pi], Z) = Z$$

($\varphi(1) \in Z$, $\varphi(x) = \varphi(1) \in Z$).

Il s'ensuit que ∂_q est :

$$Z = C^{2n} \xrightarrow{\partial_{2n} = 0} C^{2n+1} = Z$$

$$Z = C^{2n-1} \xrightarrow{\partial_{2n-1} = n\times} C^{2n} = Z$$

$$\Longrightarrow \begin{cases} H^{2q}(Z/nZ, Z) = Z/nZ & (q > 0) \\ H^{2q+1}(Z/nZ, Z) = 0 . \end{cases}$$

② Espaces $K(\pi, 1)$:

Soit X un C.W-complexe, $\pi = \pi_1 X$ et $\tilde{X}$ le revêtement universel de X (avec sa structure naturelle de CW-complexe). $\pi_1 X$ opère à gauche sur X , [Pour fixer les idées, je rappelle qu'à partir d'un choix de points base $x_0 \in \tilde{X}$, $x'_0 \in X$ on a une action naturelle à gauche de $\pi_1 X$ sur $\tilde{X}$:

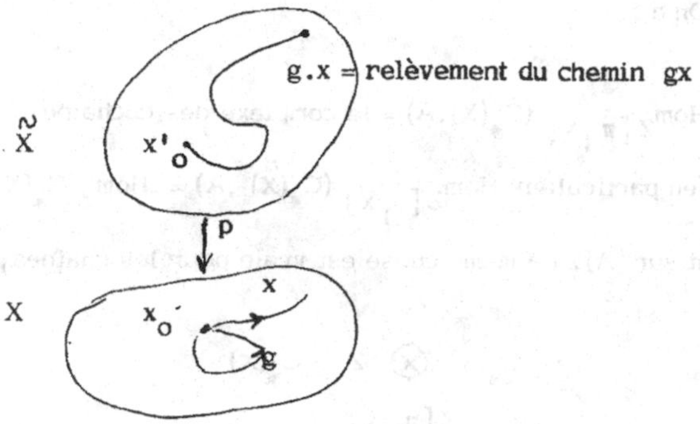

Sur la fibre $p^{-1}(x_o)$ on a <u>aussi</u> une action <u>à droite</u> :

$$x.g = \text{relèvement du lacet } xg$$

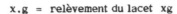

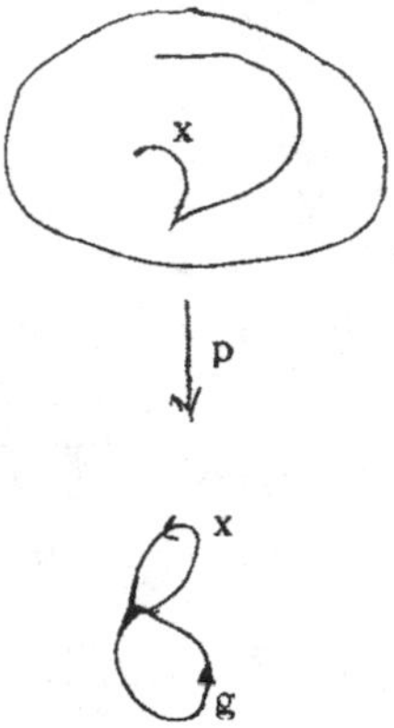

Sur $p^{-1}(x_o)$ les deux actions sont compatibles. La restriction (à $p^{-1}(x_o)$) de l'action à gauche = les morphismes de la $\pi_1(X)$ - structure à droite ...]

Si $C_*(\tilde{X})$ désigne le complexe des chaînes cellulaires de $\tilde{X}$, $C_*(\tilde{X})$ est un $Z[\pi_1 X]$-complexe <u>libre, à gauche</u>.

On a :

$\mathrm{Hom}_{Z[\pi_1 X]}(C_*(\tilde{X}),A)$ = le complexe des cochaines à <u>coefficients locaux</u> A , sur X (en particulier $\mathrm{Hom}_{Z[\pi_1 X]}(C_*(\tilde{X}),A) = \mathrm{Hom}_Z(C_*(X),A)$ si π_1 opère trivialement sur A). La même chose est vraie pour les chaînes, en particulier :

$$C_*(\tilde{X}) \underset{Z[\pi_1 X]}{\otimes} Z = C_*(X) \quad .$$

Soit π un groupe abstrait (donné par générateurs et relations). Par définition, un espace $K(\pi,1)$ (espace d'Eilenberg-Mac Lane) est un C.W-complexe (connexe); Y, tel que $\pi_1 Y = \pi$, $\pi_i Y = o$ $(i > 1)$. De tels espaces peuvent être construits comme suit : On associe un cercle à chaque générateur de π et on fait le wedge (bouquet) de ces cercles (ceci nous donne un C.W-complexe Y_1 de dimension 1, avec un <u>seul sommet</u> (Y_o = pt.)). On construit $Y_2 \supset Y_1$ en ajoutant à Y_1 une 2-cellule pour chaque relation de π. On construit $Y_3 \supset Y_2$ en ajoutant de 3-cellules qui tuent $\pi_2 Y_2$, e.a.d.s. Si on est parti d'un groupe de type (présentation) fini(e), alom Y_1 (Y_1 et Y_2) est compact. (C.W. complexe fini). On a:

$$\pi_1 Y_n = \pi \ , \quad \pi_2 Y_n = \ldots = \pi_{n-1} Y_n = o \ , \quad \pi_n Y_n = ?$$

Un espace avec ces propriétés (et qui n'est nullement unique) sera, par définition "un $K(\pi,1)$ <u>tronqué</u> " (à la hauteur" n). On voit, en particulier, que <u>tout groupe π de présentation finie, est groupe fondamental d'un (C.W) compact</u>.

On peut prendre

$$Y = K(\pi,1) = \varinjlim Y_n \ .$$

Une application immédiate de la théorie des obstructions nous dit que $K(\pi,1)$ est unique à homotopie près, et que, pour un C.W. complexe (connexe, pointé) :

$$[X, K(\pi,1)]_o = \mathrm{Hom}(\pi_1 X, \pi).$$

$\widetilde{K(\pi,1)}$ est contractile ce qui fait que $C_*(\widetilde{K(\pi,1)})$ est une résolution (acyclique) libre (en $Z[\pi]$- modules à gauche) de Z .

Donc :

$$H^*(\pi, A) = \underbrace{H^*(K(\pi,1), A)}_{\text{cohomologie à coefficients locaux } A}.$$

(A définit un faisceau localement constant $\underline{A}$ sur $K(\pi,1)$, dont le module des sections globales s'identifie justement à notre A^π . $H^*(K(\pi,1),A)$ = la cohomologie de $K(\pi,1)$ à coefficients dans le faisceau $\underline{A}$).

Pour des espaces (et des actions) raisonnables on a, alors le :

Théorème de P.A. Smith.- "Soit X un espace (C.W. complexe, variété,...) de dimension finie et π un groupe fini $(\neq 1)$, opérant sur X . Cette action ne peut pas être sans point fixe

$$(\exists x \in X, \ 1 \neq \sigma \in \pi, \ \sigma x = x)" . \ \square$$

En effet, autrement on a un revêtement (universel) $X \to X/\pi$ et $X/\pi = K(\pi,1)$. Un résultat analogue serait vrai pour chaque sous groupe cyclique $G \subset \pi$. Mais $K(G,1)$ ne peut pas être de dimension finie, puisque G = groupe cyclique fini possède des groupes de cohomologie non-triviaux de dimension arbitrairement grande.

<u>Corollaire</u>.- "Si X est un C.W. complexe <u>asphérique</u> (c'est-à-dire tel que $\pi_i X = o$ si $i > 1$) de dimension <u>finie</u>,

$$\mathrm{Tor}\ \pi_1 X = \emptyset \quad " . \square$$

UNE REMARQUE SUR LE GRAPHE $\Gamma(\pi, T)$.

Soit $T = (t_1, \ldots, t_n)$ un système de générateurs de π et $\Gamma = \Gamma(\pi, T)$ le graphe associé. Y_i est construit comme ci-dessus, à partir d'un bouquet de cercles correspondant aux t_i. (Si $t_j = 1$, il est entendu que, pour passer à Y_2 on ajoute, entre autres, une cellule qui tue le cercle t_j).

Si l'on désigne par $Y_\infty = Y = K(\pi, 1)$ on remarque que pour $i \geq 2$, le squelette 1-dimensionnel du revêtement universel : $(\tilde{Y}_i)_1$ (ne pas confondre avec $\tilde{Y}_1$) est <u>indépendant de i</u> (puisque $\pi_1 Y_i = \pi$ $(i \geq 2)$).

<u>Lemme 8</u>.- "$\Gamma(\pi, T) = (\tilde{Y}_i)_1$ $(i \geq 2)$ (homéomorphisme canonique)".

Démonstration : Une fois qu'on a choisi un point-base x, de $\tilde{Y}_i$, au-dessus de Y_o, il y a une identification canonique $(\tilde{Y}_i)_o = \pi = \pi \cdot x$ (où on se réfère à l'action à gauche de π sur $\tilde{Y}_i$). A chaque 1-cellule t_i de Y_1 et à chaque sommet $g = g\,x \in (\tilde{Y}_i)_o$ correspond une 1-cellule de $(\tilde{Y}_i)_1$ définie comme suit :

t_i correspond à une application $t_i : [o, 1] \to Y_1 \subset Y_i$ qu'on relève en un chemin $\tilde{t}_i : [0,1] \to (\tilde{Y}_i)_1 \subset \tilde{Y}_i$ commençant au point $\tilde{t}_i(o) = x = 1 \, .x$ et aboutissant en $t_i.x$. On peut considérer la cellule $g\tilde{t}_i$ définie par $g.\tilde{t}_i(t)$. Elle relie $g.x$ à $gt_i x$. Pour $t_i \in T$, $g \in \pi$ on obtient ainsi tout le 1-squelette de $\tilde{Y}_i$.

On voit que l'action (à gauche) de π sur Γ , qu'on a défini avant, est la même que celle qui provient de l'action de π (comme groupe de transformations du revêtement), sur $\tilde{Y}_i$ ...

GROUPE FONDAMENTAL DE SURFACE FERMEE .

Soit T une surface connexe, fermée, (c'est-à-dire compacte à bord = $\emptyset$) , et $\tilde{T}$ son revêtement universel.

Par des moyens élémentaires, on voit que :

- si $T = S_2 , P_2 \to \tilde{T} = S_2$

- si $T \neq S_2 , P_2 \to \tilde{T} = R_2$.

Donc, si $T \neq S_2 , P_2 \to T \sim K(\pi_1 T, 1)$.

D'autre part, pour le groupe libre F_p :

$K(F_p, 1)$ = un bouquet de p cercles.

Donc $H^1(F_p, Z) = Z^p$, $H^i(F_p, A) = 0$ $(i > 1)$. Puisque $H^2(T, Z/2Z) = Z/2Z$, il en résulte que, si $T \neq S_2$, $\Pi_1 T$ n'est jamais libre.

Pour une surface pas fermée, au contraire, π_1 est toujours libre.

VARIETES DE DIM.3.

Lemme.- "Soit V_3 une variété de dim.3 telle que $\pi_1\tilde{V}_3 = \text{infini}$, $\pi_2 V_3 = 0$. Alors $V_3 \sim K(\pi_1 V_3, 1)$"

(En effet, pour le revêtement universel $\tilde{V}_3$ on a, de toute façon $\pi_1\tilde{V}_3 = \pi_2\tilde{V}_3 = 0$. π_1 infini $\rightarrow \tilde{V}_3$ non compact $\rightarrow H_3(\tilde{V}_3, Z) = 0 \rightarrow \pi_3\tilde{V}_3 = 0$. D'autre part, $H_{3+i}(V_3) = 0 \rightarrow \pi_{3+i} = 0 \rightarrow \tilde{V}_3$ est contractile, e.a.d.s.).

Théorème de décomposition pour les variétés de dimension 3 fermées, orientables (orientées) (Kneser, Milnor,...) "V_3 se décompose (d'une manière unique) en somme connexe de facteurs indécomposables. Les facteurs indécomposables, W_3 , sont de trois sortes :

0) $\pi_2 W_3 = 0$, $\pi_1 W_3 = \text{fini}$ ($\leftrightarrow \tilde{W}_3 =$ sphère d'homotopie).

1) $\pi_2 W_3 = 0$, $\pi_1 W_3 = \text{infini}$. (Ceux-là sont tous des $K(\pi, 1)$). (Donc Tor $\pi_1 W_3 = \emptyset$).

2) $\pi_2 W_3 \neq 0$. Dans ce cas $W_3 = S_2 \times S_1$, $\pi_1 W_3 = Z$ " .

(Du point de vue de la théorie des bouts, les facteurs de type i sont caractérisés par $b\pi_1 = i$ et les variétés décomposables par $b\pi_1 = \infty$).

Problèmes : 1) Quels sont les groupes π tels que $K(\pi, 1) \sim$ (variété fermée) ?

2) Les facteurs indécomposables du type 1 sont-ils caractérisés (t opologique-

ment) par leur type d'homotopie (donc par π_1) ?; Dans les mêmes conditions $\tilde{W}_3 = R_3$?

3) Les facteurs indécomposables du type O sont-ils caractérisés par leur type d'homotopie simple ? (ce qui impliquerait $\tilde{W}_3 = S_3$) .

4) Modulo les problèmes 2-3, les actions de π_1 sur $\tilde{W}_3$ sont-elles conjuguées à des actions linéaires ?

Remarque : Dans le problème 2) , pour montrer que $\tilde{W}_3 = R_3$ il suffirait de montrer que $\tilde{W}_3$ est simplement connexe à l'infini.

De toute façon, la conjecture $W_3 = R_3$ est impliquée par la conjecture plus forte que W_3 possède un revêtement fini qui est " suffisamment grand" (Waldhausen ......).

5) Rappels sur les algèbres de Boole :

Une algèbre de Boole est une lattice $(L , \cap, \cup)$, telle que :

1) $\cup$ et $\cap$ sont distributives.

2) $\exists$ des éléments extrêmes, $0, 1 \in L$.

3) $\forall a \in L$, $\exists !$ "le complément" $a' \in L$, t.q. $a \cup a' = 1$, $a \cap a' = 0$.

Un <u>anneau de Boole</u> est un anneau L(avec O, 1), tel que $\forall x \in L : x^2 = x$

On suppose L commutatif ; On remarque que $\forall x : 2x = O$

On a une bijection canonique :

$$\{ \text{algèbres de Boole à isom. près} \} \rightleftarrows \{ \text{anneaux de Boole à isom. près} \}$$

A $(L, \cup, \cap)$ correspond l'anneau de Boole $(L, +, .)$ où :

$$\begin{cases} a + b = a \cup b - a \cap b = (a \cup b) \cap (a \cap b)' = (a \cap b') \cup (b \cap a') \\ a.b = a \cap b . \end{cases}$$

A $(L, +, .)$ correspond l'algèbre de Boole $(L, \cup, \cap)$ où $a \leq b \leftrightarrow a = ab$, et :

$$\begin{cases} a \cup b = a + b + a.b \\ a \cap b = a.b \\ a' = 1 - a \end{cases}$$

Je rappelle que pour un anneau A, Spec A désigne l'ensemble des <u>idéaux premiers</u> de A, muni de la <u>topologie de Zariski</u> définie comme suit : si $f \in A$ on désigne par $V(f) = \{$l'ensemble des $p \in \text{Spec } A$, tels que $f \in p\}$ ("les points" où la "fonction" f "s'annule") et par $X_f = \text{Spec } A - V(f)$. Les X_f forment une <u>base d'ouverts</u> pour la topologie de Zariski.

<u>Lemme</u>.- "Si A est un anneau de Boole, chaque idéal premier $p \subset A$ est <u>maximal</u> et A/p = le corps à 2 éléments $(\mathbb{Z}/2\mathbb{Z})$" .

Démonstration : Si p est premier chaque élément x du corps de fractions de l'anneau sans diviseurs de O , A/p satisfait à l'équation $x^2 - x = O$,e.a.d.s.

On peut faire les remarques suivantes sur Spec A (A = anneau de Boole).

(1) $X_f = X_g \longleftrightarrow f = g$.

En effet je rappelle que pour tout anneau B et tout idéal $J \subset B$ on définit

$$\operatorname{rad} J = \bigcap_{J \subset p \in \operatorname{Spec} B} p = \{x \in B \ , \text{ t.q. } \exists\, n, x^n \in J\} .$$

C'est un exercice facile de voir que :

$$X_f = X_g \Longleftrightarrow \operatorname{rad}(f) = \operatorname{rad}(g) .$$

Donc, puisque $f^n = f, g^n = g$, çà signifie :

$$\left\{ \begin{matrix} f = ug \longleftrightarrow f \leq g \\ g = vf \longleftrightarrow g \leq f \end{matrix} \right\} \longleftrightarrow f = g .$$

(2) Spec A est quasi-compact.

En effet soit $E \subset A$ t.q.

$$\operatorname{Spec} A = \bigcup_{f \in E} X_f .$$

Donc $\forall p \in A$; $\exists f \in E$ t.q. $f \notin p$

$\Longrightarrow$ $\mathfrak{I}(E)$ = (l'idéal engendré par E) = A

$\Longrightarrow$ $\exists\ f_1, \dots, f_n \in E$ (n <u>fini</u>), t.q.

$$1 = f_1 g_1 + \dots + f_n g_n \qquad (g_i \in A)$$

$\Longrightarrow$ $\mathrm{Spec}\ A = X_{f_1} \cup \dots \cup X_{f_n}$

(donc de tout recouvrement ouvert de Spec A on peut extraire un recouvrement fini).

③ Chaque X_f est ouvert et <u>fermé</u>, à la fois.

En effet :

$$\left.\begin{array}{l} f.(1-f) = 0 \\ f + (1-f) = 1 \end{array}\right\} \Longrightarrow \left\{\begin{array}{l} X_f \cap X_{(1-f)} = X_0 = \emptyset \ . \\ X_f \cup X_{(1-f)} = X_1 = \mathrm{Spec}\ A \ . \end{array}\right.$$

④ Spec A est Hausdorff. (donc <u>compact</u>).

En effet, si $p \neq q$, $p, q \in \mathrm{Spec}\ A$, $\exists\ f \in p$, $f \notin q$

$\Longrightarrow q \in X_f$, $p \in X_{1-f}$, ...

⑤ Si $f_1, \dots, f_n \in A$, on a :

$$X_{f_1} \cup \dots \cup X_{f_n} = X_{f_1 \cup \dots \cup f_n}$$

En effet :

$p_i \in X_{f_i} \longleftrightarrow f_i \notin p_i \longleftrightarrow 1 - f_i \in p_i$.

Donc $p \in \mathrm{Spec}\ A$ est élément de $\cup X_{f_i} \longleftrightarrow$

$$\exists j\ ,\ 1 - f_j \in p \longleftrightarrow (1 - f_1) \ldots (1 - f_n) \in p$$

(ici on applique le fait que p est premier).

Mais

$$(1 - f_1) \ldots (1 - f_n) = 1 - (f_1 \cup \ldots \cup f_n)\ ,$$

donc $p \in \cup X_{f_i} \longleftrightarrow 1 - (f_1 \cup \ldots \cup f_n) \in p \longleftrightarrow p \in X_{f_1 \cup \ldots \cup f_n}$.

⑥ Tout ensemble $Y \subset \operatorname{Spec} A$ qui est à la fois ouvert et fermé est de la forme X_f.

En effet Y étant ouvert

$$Y = \bigcup_{g \in E} X_g .$$

Y étant fermé, il est compact, donc $\exists\ f_1 \ldots f_n \in E$, t.q.

$$Y = X_{f_1} \cup \ldots \cup X_{f_n} \Longrightarrow Y = X_{f_1 \cup \ldots \cup f_n} .$$

⑦ Spec A est totalement discontinu.

En effet, soient $p,q \in \operatorname{Spec} A$, $p \neq q$ et $p,q \in Z \subset \operatorname{Spec} A$.

Donc $\exists\ f \in A$:

$$p \in X_f \quad , \ q \in X_{1-f}$$

$$\Longrightarrow \qquad Z \cap X_f \neq \emptyset \neq Z \cap X_{1-f}$$

$\Longrightarrow$ Z n'est pas connexe.

A partir de ces remarques on déduit tout de suite le théorème suivant, dont la moralité est qu'une algèbre de Boole est un objet si simple, que son Spec, en tant qu'espace annelé n'est rien d'autre qu'une très ordinaire structure topologique :

Théorème DE REPRESENTATION DE STONE.- "1) Sur l'ensemble compact, totalement discontinu Spec A, considérons

$$\mathcal{C}(\text{Spec } A, Z/2Z) = \{\text{l'ensemble des fonctions continues}$$

Spec A $\longrightarrow Z/2Z\}$ = {l'ensemble des parties ouvertes-fermées de Spec A}.

Considérons la flèche :

$$A \longrightarrow (Z/2Z)^{\text{Spec } A}$$

qui attache à chaque f la fonction :

$$p \longmapsto \text{la classe } f \in A/p = Z/2Z$$

Cette application établit une bijection canonique.

$$\boxed{A \approx \mathcal{C}(\text{Spec } A, Z/2Z).}$$

2) Le point précédant établit une bijection (canonique et fonctorielle) entre

{ les algèbres de Boole, à isomorphisme près }

et {les espaces compacts totalement discontinus, à homéomorphisme près} ".

Exercices : 1) Déduire le théorème de Stone du théorème de représentation de Gelfand.

[On associe à A l'algèbre de Banach obtenue en complétant l'algèbre normée

$$B = \{\sum_{1}^{n} \lambda_i f_i \quad \text{où } \lambda_i \in C, \; f_i \in A, \; \Sigma f_i = 1, \; f_i f_j = 0\},$$

$\| \Sigma \lambda_i f_i \| = \sup |\lambda_i|$].

2) Quels sont les anneaux de Boole où tout idéal est principal ?

CHAPITRE II

LA THEORIE DES BOUTS

Dans ce chapitre on parlera d'espaces localement compacts, connexes, et localement connexes. Quand on parlera de cohomologie l'espace sera (en principe), aussi, para-compact.

1) Topologie générale : On commence par des sorites.

A) Un ouvert connexe est une composante connexe du complémentaire de sa frontière.

B) Si X est localement compact, $F \subset X$ un fermé, U une composante connexe de $X-F$, alors la frontière $\partial U \subset F$.

C) X localement compact, $K \subset X$ compact $\Longrightarrow$ les composantes non relativement compactes de $X-K$ sont en nombre fini.

[En effet, soient U_i $(i \in J)$ les composantes (connexes) de $X-K$, et $L \supset K$ un voisinage compact de K. ∂L (qui est compact, contenu dans $\bigcup_i U_i$) ne touche qu'à un nombre fini de U_i : $U_1, \ldots, U_n$. Tous les autres U_i, (étant connexes, et ayant $\partial U_i \subset K$), sont contenus dans L ...].

D) Dans la situation de C), soit $K^* = K \cup$(les composantes relativement compactes de $X-K$).

K^* est compact, et les composantes non relativement compactes de $X-K^*$ sont les composantes non relativement compactes de $X-K$. Si $K = K^*$ on dira que K est plein.

[En effet, K^* est un fermé, contenu dans $L, \ldots$].

Si $U \subset X$ est un ouvert, on désignera par $\pi(U)$ = l'ensemble des composantes connexes de U muni de la topologie discrète. Si $U \subset V$ on a une application

$$\varphi_{V,U} : \pi(U) \to \pi(V).$$

Si $K \subset X$ est compact, la famille $\{X-K\}$ ($K \in$ comp. de X) est filtrante (pour l'inclusion) (Pour deux compacts $K_1, K_2 \subset X$, $\exists$ un compact $K \supset K_1, K_2, \ldots$).

Par définition <u>l'ensemble des bouts</u> de X est <u>la limite projective</u> :

$$\boxed{B(X) = \varprojlim \pi(X-K)} \quad .$$

On va désigner par φ_K l'application canonique :

$$\varphi_K : B(X) \to \pi(X-K).$$

Si $U \subset X$ est ouvert, on désignera par $\pi'(U) \subset \pi(U)$, l'ensemble des composantes connexes <u>non</u> relativement compactes. On a : $\varphi'_{V,U} : \pi'(U) \to \pi'(V)$, si $U \subset V$.

Je dis que :

$$\boxed{B(X) = \varprojlim \pi'(X-K)} \quad .$$

[En effet, la famille des X-K, où K $\in$ compacts pleins, est cofinale dans $\{X-K\}$, donc

$$B(X) = \varprojlim_{K=K^*} \pi(X-K), \quad \text{e.a.d.s.}].$$

<u>Proposition 1.-</u> "a) Si X est compact $B(X) = \emptyset$.

b) Si X n'est <u>pas</u> compact $B(X) \neq \emptyset$.

c) Si X n'est <u>pas</u> compact, et $U \subset X$ un ouvert connexe non relativement compact, de frontière ∂U <u>compacte</u>, il existe $b \in B(X)$ tel que

$$\varphi_{\partial U}(b) = U \text{ ."}$$

[a) est trivial, et b), c) résultent de A) ci-dessus et du fait que $\pi'(X-K)$ est <u>fini</u> et $L \subset H \Longrightarrow \varphi'_{X-L,X-H} : \pi'(X-H) \to \pi'(X-L)$ est <u>surjective</u>.

D'une manière plus précise, on applique le théorème (Bourbaki : Topologie générale) qui dit qu'une limite projective de <u>compacts</u> $X_\alpha \neq \emptyset$ est non vide et que:

$$\varphi_\alpha(\varprojlim X_\alpha) = \bigcap_{\beta \geq \alpha} \varphi_{\alpha,\beta}(X_\beta).$$

(Le lecteur pensera à $\varprojlim X_\alpha \subset \prod_\alpha X_\alpha$, au théorème de Tichonov , e.a.d.s....)].

En tant que limite projective d'ensembles finis (et discrets), $B(X)$ possède une topologie naturelle d'espace compact (séparé + quasi compact) totalement discontinu. (Bourbaki : Topologie générale).

$b(X) \in [0,1,2,\ldots,\infty]$ désignera la cardinalité de $B(X)$ (le nombre des bouts de X).

Soit $\hat{X} = X \cup B(X)$. On met sur $\hat{X}$ la topologie suivante : Sur $X \subset \hat{X}$ la topologie induite est la (vraie) topologie de X. Pour $b \in B(X)$ et tout compact $K \subset X$ on considère l'ouvert $\varphi_K(b) \subset X$. Les $\varphi_K(b) \cup \varphi_K^{-1}\varphi_K(b)$ seront, par définition, une base de voisinages (ouverts) de $b \in \hat{X}$.

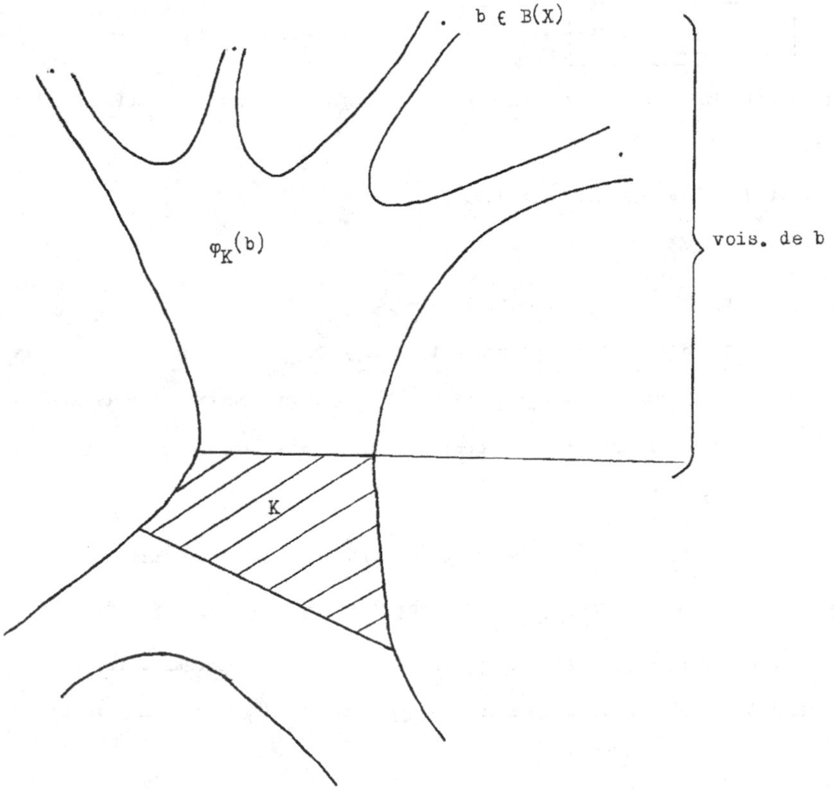

On remarque que les ouverts de la topologie induite sur $B(X) \subset \hat{X}$ sont de la forme $\bigcup_{b \in E} \varphi_K^{-1} \varphi_K(b)$. Donc, sur $B(X)$ la topologie induite est la même que celle de $\varprojlim$, introduite ci-dessus.

<u>Proposition 2.-</u> "$\hat{X}$ est compact et connexe ; $B(X)$ est un fermé et X un ouvert partout dense".

Démonstration laissée en exercice au lecteur.

<u>Proposition 3.-</u> (décomposition "canonique"). "Soit X comme ci-dessus, avec $b(X) = n < \infty$. Il existe un compact plein $K = K^*$, tel qu'on ait une bijection :

$$B(X) \xrightarrow[\approx]{\varphi_K} \pi(X-K) \approx \pi'(X-K)".$$

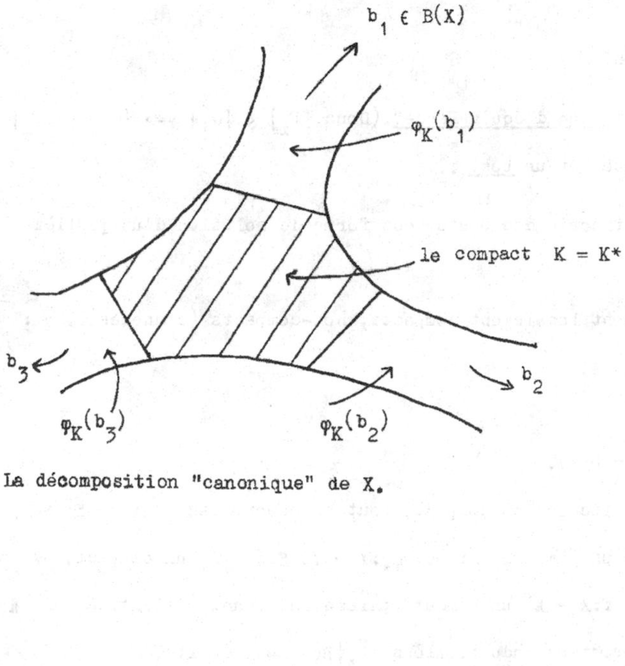

La décomposition "canonique" de X.

La démonstration est un exercice laissé au lecteur.

<u>Exercices</u> :

1° Si X est réunion dénombrable de compacts, on peut édifier une théorie équivalente à la précédente, comme suit :

Un <u>prébout</u> de X est, par définition, une suite :

$$X \supset F_1 \supset F_2 \supset \dots \supset F_n \supset \dots$$

où : a) F_i est <u>fermé</u>, $F_i \neq \emptyset$.

b) $\partial F_n = F_n - \overset{\circ}{F}_n$ est <u>compact</u>.

c) F_n est <u>connexe</u>.

d) $\bigcap_n F_n = \emptyset$.

Sur l'ensemble des prébouts de X on a une <u>relation d'ordre partiel</u> :

$$\{F_i\} \leqslant \{G_i\} \Longleftrightarrow \forall n, \ \exists N(n), \text{ tel que}$$

$$F_{N(n)} \subset G_n.$$

<u>Lemme</u>.- "$\leqslant$ est une <u>relation d'équivalence</u>".(Donc $\{F_i\} \leqslant \{G_i\} \Longrightarrow \{G_i\} \leqslant \{F_i\}$). Une classe d'équivalence est un <u>bout</u> ...

2° Mettre la théorie des bouts sous forme de solution d'un problème universel.

3° Si X, Y sont localement compacts, non-compacts (connexes,...) :

$$b(X \times Y) = 1.$$

Si Y est compact :

$$b(X \times Y) = b(X).$$

4° Si Y est localement compact, tout homéomorphisme $\varphi: Y \to Y$ se prolonge (univoquement, à un homéomorphisme $\varphi_*: \hat{Y} \to \hat{Y}$. Soit X un compact, $\tilde{X}$ son revêtement universel, $f: X \to X$ un homéomorphisme induisant l'identité sur $\pi_1 X$ et $\tilde{f}: \tilde{X} \to \tilde{X}$ l'homéomorphisme induit. Alors $\tilde{f}_* | B(\tilde{X}) =$ identité.

5° Si V est une variété connexe, fermée, de dimension $\geqslant 2$ telle que $V \sim K(\pi V, 1)$ alors $b\tilde{V} = 1$.

2) Topologie algébrique.: Soit A un anneau commutatif et H^* la théorie de cohomologie de Čech-Alexander-Spanier à coefficients A. H^*_f = cohomologie à supports compacts.

On définit la cohomologie à l'infini :

$$H^*_\infty(X) = \varinjlim H^*(F)$$

où $F \subset X$, F fermé de complémentaire relativement compact. Soit $\{F\}$ l'ensemble des F.

Ici se place un petit ennui d'ordre technique. Pour un C.W. complexe quelconque (localement fini) il n'y a pas assez de (co)-chaînes cellulaires pour calculer H^*_f ou H^*_∞. (Exemple : $S_1 \vee S_2 \vee S_3 \vee \dots$ avec une C.W.-structure appropriée). On dira qu'un C.W. complexe : $X \supset \dots \supset X_{n+1} \supset X_n \supset \dots \supset X_o$ est "pas trop méchant" si sa structure cellulaire est faite comme suit : Pour chaque $(n+1)$-cellule $D \approx$ disque de dim. $(n+1)$, ∂D possède une sous-division cellulaire polyhédrale ; l'application d'attachement $f_D : \partial D \to X_n$ envoie injectivement chaque i-cellule (ouverte) de ∂D dans X_i.

Pour les C.W. complexes pas trop méchants, les choses suivantes sont vraies.

1) Si le complexe est localement fini l'opérateur d'homotopie passant des chaînes singulières aux chaînes cellulaires est propre ; on peut donc calculer H^*_f, H^*_∞ par des co-chaînes cellulaires.

2) Par sous-division un tel C.W. complexe peut être transformé en complexe simplicial.

3) On peut construire nos $K(\pi,1) = Y_\infty \supset \dots \supset Y_{n+1} \supset Y_n \supset \dots$ (du chapitre précédent), en ne se servant que de C.W. complexes pas trop méchants. (Y_o = pt.)

DANS CE COURS ON NE CONSIDERE QUE DES C.W. COMPLEXES PAS TROP MECHANTS.

[Une autre modalité plus élémentaire pour éviter le problème technique qu'on vient de mentionner, et de travailler avec des complexes simpliciaux un tout petit plus modifiés, comme suit : on accepte comme "cellules" des simplexes standard soumis à des relations d'équivalence du type suivant : certains sommets sont identifiés entre eux, et certaines arêtes sont contractées. Ce genre de complexes sera aussi agréable pour H_f^* ou H_∞^* que les complexes simpliciaux, et suffisamment général pour permettre toutes les constructions géométriques dont on a besoin dans ce cours].

Proposition 4.- "On a une suite exacte :

$$\ldots \to H_\infty^n(X) \xrightarrow[\delta]{} H_f^{n+1}(X) \xrightarrow[\varphi]{} H^{n+1}(X) \xrightarrow[\psi]{} H_\infty^{n+1}(X) \to \ldots$$

(φ résulte de l'inclusion : (co-chaînes finies) $\subset$ (co-chaînes quelconques) et ψ de $F \subset X$ ...)."

[En effet pour tout $F \in \{F\}$:

{les compacts de $X-F$} $\equiv$ {les fermés de X, contenus dans $X-F$}, et

$$H^*(X \bmod F) = H_f^*(X-F).$$

On a donc une suite exacte :

$$\to H^n(F) \xrightarrow[\delta]{} H_f^{n+1}(X-F) \to H^{n+1}(X) \to H^{n+1}(F) \to \ldots$$

On passe ensuite à la limite inductive, en remarquant que

$$\varinjlim H_f^{n+1}(X-F) = H_f^{n+1}(X)].$$

Proposition 5.- "Soit $\mathcal{C}(B(X),A)$ l'A-module des applications continues $B(X) \to A$. Alors :

$$\boxed{\mathcal{C}(B(X),A) = H_\infty^o(X) \text{ (à coeffi. A)}}$$

(iso. d'A-modules)."

Démonstration : Si $F \in \{F\}$, l'adhérence $\hat{F}$ de F dans $\hat{X}$ est $F \cup B(X)$. Puisqu'il s'agit de cohomologie de Čech-Alexander-Spanier :

$$H^o(F) = \mathcal{C}(F,A).$$

Une application continue $F \to A$ se prolonge univoquement en une application continue $\hat{F} \to A$, donc :

$\{H^o(F)\} \simeq \{H^o(\hat{F})\}$ (isomorphisme de systèmes inductifs de groupes abéliens). Donc :

$$H^o_\infty(X) = \varinjlim H^o(F) = \varinjlim H^o(\hat{F}).$$

Mais $\cap \hat{F} = B(X)$ ($\{\hat{F}\}$ est une famille projective de compacts). La cohomologie de Čech étant <u>continue</u> :

$$\varinjlim H^o(\hat{F}) = H^o \underbrace{(\varprojlim \hat{F})}_{= \cap \hat{F} = B(X)} \ldots]$$

<u>Remarque</u> : Le lecteur se rappellera que si l'on interprête les co-chaînes d'Alexander-Spanier comme des fonctions, le cup- produit s'obtient justement par multiplication. Dorénavant on prend $\boxed{A = Z/2\,Z}$. $H^o_\infty(X) = H^o_\infty(X, Z/2\,Z)$ muni de + et du <u>cup-produit</u>, qu'on va noter ., est un <u>anneau de Boole</u> et l'isomorphisme précédant s'étend aux structures multiplicatives respectives.

<u>Corollaire 6.-</u> "On a une identification canonique :

$$\boxed{B(X) = \mathrm{Spec}\, H^o_\infty(X, Z/2\,Z)}.$$

En termes "numériques" :

$$b(X) = \dim_{Z/2\,Z} H^o_\infty(X, Z/2\,Z)$$

(dimension d'espace-vectoriel sur $Z/2\,Z$). Si $b(X) < \infty$, cette dernière égalité est transparente dans la décomposition canonique).

<u>Corollaire 7.-</u> "Si X est un C.W. complexe de i-ème squelette X_i :

$$B(X) = B(X_1)".$$

(On ne travaille qu'avec des C.W. complexes pas trop méchants...).

<u>Corollaire 8.-</u> "Si X n'est <u>pas compact</u>, et $H^1(X, Z/2\,Z) = 0$ on a :

$$b(X) = 1+\dim_{Z/2\,Z} H^1_f(X, Z/2\,Z)".$$

<u>Démonstration</u> : On a la suite exacte :

$$H^o_f(X) \to H^o(X) \to H^o_\infty(X) \to H^1_f(X) \to H^1(X).$$

Nos hypothèses sont : $H^{o}_{f}(X) = H^{1}(X) = 0, \ldots$

Remarque : l'A-module $H^{o}_{\infty}(X,A)$ est libre $(H^{o}_{\infty}(X,A) = A^{bX})$. En effet soit $F = BX$ l'espace des bouts de X. On peut toujours plonger $F \subset S_2$, $F \subset S_3$ (et de telle manière que $S_3 - F$ soit la suspension de $S_2 - F$). On a la suite exacte de cohomologie :

$$0 \to \underbrace{H^{o}(S_3 - F, A)}_{A} \to H^{o}_{\infty}(S_3 - F, A) \to H^{1}_{f}(S_3 - F, A) \to 0.$$

$(H^{1}(S_3 - F) = 0)$. On remarque que :

$$B(S_2 - F) = B(S_3 - F) = F = BX,$$

donc :

$$H^{o}_{\infty}(X,A) = H^{o}_{\infty}(S_3 - F, A) = \mathcal{C}(F,A).$$

Si l'on montre que H^{1}_{f} est libre, cette suite splitte, et on a fini. Mais :

$$\underbrace{H^{1}_{f}(S_3 - F, A) = H_2(S_3 - F, A)}_{\text{dualité de Poincaré}} = \underbrace{H_1(S_2 - F, A)}_{\text{Isomomorphisme de suspension.}}$$

Mais $S_2 - F$ a le type d'homotopie d'un complexe de dimension 1, et le H_1 d'un complexe de dimension 1, quelconque, X_1, est toujours libre, puisque :

$$H_1(X_1) = \underbrace{Z_1(X_1)}_{\text{et ceci est libre.}}$$

3) Algèbre homologique : Pour la simplicité, on va désigner dorénavant $Z/2Z = Z_2$. Pour le moment on considère des GROUPES DE PRESENTATION FINIE. Pour un tel groupe on peut toujours trouver un complexe simplicial fini K, tel que $\pi_1 K = G$.

Théorème 9.- (Hopf) : "Soit K un complexe simplicial fini, $\tilde{K} \to K$ un revêtement galoisien de groupe $\mathrm{Aut}(\tilde{K}/K) = G$, tel que $H^{1}(\tilde{K}, Z_2) = 0$. Alors

$$\boxed{H^{1}_{f}(\tilde{K}, Z_2) = H^{1}(G, Z_2 G)}"\text{.}$$

(Ici Z_2G est l'algèbre du groupe (à coef. Z_2), considérée comme ZG-module à gauche). [Exercice : faire la dém. en utilisant la suite spectr. du revêt.].

Corollaire.- : Dans les mêmes conditions que ci-dessus $b(\tilde{K})$ ne dépend que du groupe G. On va le désigner par $b(G)$ et l'appeler le nombre de bouts du groupe G. On a ainsi défini (pour le moment), $b(G)$ pour tout groupe de présentation finie et :

$b(G) = 0 \Longleftrightarrow G$ est fini, et si G est infini ($\Longleftrightarrow \tilde{K}$ non compact):

$b(G) = 1+\dim_{Z_2} H^1(G,Z_2G)$.

Démonstration du théorème de Hopf : Soit $A(G) = \mathrm{Hom}_Z(ZG,Z_2)$ le ZG-module des fonctions $G \to Z_2$ où l'opération de G est définie par :

$$(g\varphi)(\gamma) = \varphi(g^{-1}\gamma).$$

$A(G)$ s'identifie à l'ensemble des parties de G, avec l'addition mod 2 et l'opération de G à gauche. On a une inclusion canonique

$$Z_2G \hookrightarrow A(G)$$

qui identifie Z_2G aux sous-ensembles finis.

Par définition, $E(G)$ est le ZG-module $A(G)/Z_2G$.

Lemme a).- : "Si M est un ZG-module (à gauche) :

$$T:\mathrm{Hom}_Z(M,Z_2) \approx \mathrm{Hom}_{ZG}(M,A(G))".$$

[En effet : on obtient une flèche $\to$ en attachant à $gm \to z \in Z_2$ l'élément $m \to (g^{-1} \to z)$. Le fait qu'on obtient une bijection résulte de l'identité bien connue :

$$\mathrm{Hom}_\Gamma({}_\Gamma N_\Lambda \otimes_\Lambda {}_\Lambda M, {}_\Gamma A) = \mathrm{Hom}_\Lambda(M,\mathrm{Hom}_\Gamma(N,A)).$$

Le lecteur remarquera qu'on s'est arrangé pour obtenir $\mathrm{Hom}_{ZG}(M,A(G))$ avec sa structure de ZG-module à gauche. D'une manière explicite, soit $\varphi \in \mathrm{Hom}_Z(M,Z_2)$. En fixant $m \in M$ et laissant $g \in G$ variable φ définit une application $\varphi_m:G \to Z_2$ par :

$\phi(gm) = \varphi_m(g) \in Z_2$.

On peut calculer $\psi(gg'm)$ de deux manières :

$$\psi(gg'm) = \begin{cases} \varphi_{g'm}(g) \\ \varphi_m(gg') \end{cases} \Longrightarrow \varphi_{g'm}(g) = \varphi_m(gg').$$

Si l'on attache à $m \in M$ l'application $\psi_m : G \to Z_2$ définie par $\psi_m(\gamma) = \varphi_m(\gamma^{-1})$, $M \ni m \longmapsto \psi_m \in A(G)$ est un ZG-morphisme :

$$\psi_{gm}(\gamma) = \varphi_{gm}(\gamma^{-1}) = \varphi_m(\gamma^{-1}g) = \psi_m(g^{-1}\gamma)$$

$$\Longrightarrow \psi_{gm} = g\psi_m].$$

<u>Lemme b).-</u> "Soient (C_*), (C'_*) deux ZG-complexes projectifs (à gauche) :

$$0 \longleftarrow Z \xleftarrow{\varepsilon} C'_0 \xleftarrow{d'_0} C'_1 \longleftarrow \cdots$$

$$0 \longleftarrow Z \xleftarrow{\varepsilon} C_0 \xleftarrow{d_0} C_1 \longleftarrow \cdots$$

où : a) (C_*) est une résolution acyclique de Z.

b) $H_0(C'_*) = Z$ ($\Longleftrightarrow$ $\operatorname{Ker} \varepsilon = \operatorname{Im} d'_0$).

Alors $\exists$ un morphisme $h : C'_* \to C_*$ tel que pour tout ZG-module M (à gauche) :

$$h^* : H^o(G,M) \xrightarrow{\approx} H^o(C'_*,M) \text{ (bijection)".}$$

[Il suffit de montrer qu'on peut élargir C'_* en changeant : $C'_i \Longrightarrow C'_i + P_i$ ($i \geqslant 2$, P_i projectif) de telle façon qu'on obtienne un complexe acyclique. Soit P_2 un module libre tel que $P_2 \to H_1(C'_*) \to 0$. On définit $d'_1 : P_2 \to C'_1$ par :

$$\begin{array}{ccccc} & & P_2 & & \\ & & \downarrow & \searrow^{d'_1} & \\ 0 & \longleftarrow & H_1(C'_*) & \longleftarrow & \operatorname{Ker} d'_0 \subset C'_1 . \end{array}$$

Ainsi on a tué H_1, e.a.d.s.].

<u>Lemme c).-</u> "Soit (C'_*) un ZG-complexe projectif, tel que :

a) $H_o(C'_*) = Z$.

b) $H^1(\mathrm{Hom}_Z(C'_*, Z_2)) = 0$.

Alors :

$$H^1(\mathrm{Hom}_{ZG}(C'_*, Z_2G)) = H^1(G, Z_2G)".$$

[D'après le lemme a) et la condition b) ci-dessus :

$$H^1(C'_*, A(G)) = H^1(\mathrm{Hom}_{ZG}(C'_*, A(G)) = 0.$$

On considère le $h : C'_* \to C_*$ du lemme b) et la suite exacte de coefficients :

$$0 \to Z_2G \to A(G) \to E(G) \to 0.$$

On a :

$$\begin{array}{ccccccc}
H^o(G,A(G)) & \to & H^o(G,E(G)) & \to & H^1(G,Z_2G) & \to & H^1(G,A(G)) \\
\approx \downarrow h_* & & \approx \downarrow h_* & & \downarrow h_* & & \downarrow h_* \\
H^o(C'_*,A(G)) & \to & H^o(C'_*,E(G)) & \to & H^1(C'_*,Z_2G) & \to & H^1(C'_*,A(G)).
\end{array}$$

On a :

$$H^1(G, A(G)) = H^1(\mathrm{Hom}_{ZG}(C_*, A(G)))$$
$$= H^1(\mathrm{Hom}_Z(C_*, Z_2)) = 0$$

(puisque C_* est acyclique). On applique le "lemme des 5"...].

[<u>Remarque</u> : pour que tout ceci marche bien on devra vérifier que les diagrammes du type :

$$\begin{array}{ccc}
\mathrm{Hom}_Z(C_n, Z_2) & \xrightarrow{\partial} & \mathrm{Hom}_Z(C_{n+1}, Z_2) \\
\approx \downarrow \text{isomorphisme canonique } T & & T \downarrow \approx \\
\mathrm{Hom}_{ZG}(C_n, A(G)) & \xrightarrow{\partial} & \mathrm{Hom}_{ZG}(C_{n+1}, A(G))
\end{array}$$

sont bien commutatifs. En effet, soit $\psi \in \mathrm{Hom}_Z(C_n, Z_2)$, $x_n \in C_n$. On définit : φ, φ' par :

$$\psi(gx_n) = \varphi_{x_n}(g), \quad (\partial\psi)(gx_{n+1}) = \varphi'_{x_{n+1}}(g)$$

(donc : $\varphi'_{x_{n+1}}(g) = \psi(\partial(gx_{n+1})) = \psi(g\partial x_{n+1}) = \varphi_{\partial x_{n+1}}(g)$).

On a : $\mathrm{Hom}_{ZG}(C_n, A(G)) \ni T\psi$, $T\psi(x_n) = \{g \to \varphi_{x_n}(g^{-1}) \in Z_2\}$, donc

$$\underbrace{\partial T\psi(x_{n+1}) = T\psi(\partial x_{n+1})}_{\text{déf.}} = \{g \to \varphi_{\partial x_{n+1}}(g^{-1})\}.$$

D'autre part :

$$T(\partial\psi)(x_{n+1}) = \{g \to \varphi'_{x_{n+1}}(g^{-1}) = \varphi_{\partial x_{n+1}}(g^{-1})\}\ldots].$$

Le théorème de Hopf résulte des lemmes précédents et de <u>l'isomorphisme de Specker</u> :

"Si $\tilde{K} \to K$ est un revêtement galoisien de groupe G (K complexe simplicial fini), on a un isomorphisme :

$$\mathrm{Hom}_{ZG}(C_*(\tilde{K}),\ Z_2G) \approx C_f^*(\tilde{K}, Z_2)".$$

($C_*(\tilde{K})$ va jouer le rôle de $C'_* \ldots$).

[On <u>choisit</u> un point base dans $\tilde{K}$, au-dessus du point base de K (l'isomorphisme de S. dépendra, bien entendu, de ce choix). $C_n(\tilde{K})$ est un ZG-module libre engendré par des relèvements (choisis une fois pour toutes) $\sigma \in C_n(\tilde{K})$ des n-simplexes de K. L'isomorphisme de Specker résulte de l'isomorphisme (lemme a).

$$\mathrm{Hom}_{ZG}(C_*(\tilde{K}),\ A(G)) \xrightarrow[\approx]{T} \mathrm{Hom}_Z(C_*(\tilde{K}),\ Z_2) = C^*(\tilde{K})$$

en remarquant, que, pour

$$\mathrm{Hom}_{ZG}(C_*(\tilde{K}),\ Z_2G) \subset \mathrm{Hom}_{ZG}(C_*(\tilde{K}),\ A(G)),$$

l'image $T(\mathrm{Hom}_{ZG}(C_*(\tilde{K}),\ Z_2G) = C_f^*(\tilde{K}) \subset C^*(\tilde{K})$.

D'une manière plus explicite

$$\psi \in \mathrm{Hom}_{ZG}(C_n(\tilde{K}),\ Z_2)$$

est défini par :

$$\psi(\sigma) = \Sigma\, z_i g_i$$

(où $g_i \in G$, $z_i \in Z_2$,et un nombre fini seulement de z_i sont $\neq 0$). Puisqu'il s'agit d'un ZG-homomorphisme :

$$\phi(g\sigma) = \Sigma\, z_i(gg_i) \ldots$$

On fait correspondre à ϕ la co-chaîne <u>finie</u> $T\phi \in C_f^n(\tilde{K}, Z_2)$

$$T\phi(g_i^{-1}\sigma) = z_i .$$

Comme avant, le diagramme suivant est commutatif :

$$\begin{array}{ccc} \mathrm{Hom}_{ZG}(C_n(\tilde{K}),\, Z_2G) & \xrightarrow{\ \partial\ } & \mathrm{Hom}_{ZG}(C_{n+1}(\tilde{K}),\, Z_2G) \\ \approx \downarrow T & & \approx \downarrow T \\ C_f^n\,(\tilde{K}, Z_2) & \xrightarrow{\ \partial\ } & C_f^{n+1}(\tilde{K}, Z_2)]. \end{array}$$

<u>Exercice</u> : Pour un G infini quelconque

$$\dim_{Z_2} H^o(G, E(G)) = 1 + \dim_{Z_2} H^1(G, Z_2G).$$

Si G est fini :

$$H^o(G, E(G)) = H^1(G, Z_2G) = 0.$$

<u>Exemples.-</u> (Ici $\tilde{K}$ sera toujours le revêtement universel, $\pi_1 K = G$).

(1) $G = Z$; $K = S_1$, $\tilde{K} = R \Longrightarrow bZ = 2$.

(2) $G = Z_2 * Z_2$ (groupe dihédral infini)

$$K = P_2 \vee P_2$$

$$\tilde{K} = \ldots \vee S_2 \vee S_2 \vee S_2 \vee \ldots \Longrightarrow b(Z_2 * Z_2) = 2.$$

(3) $G = Z+Z$;

$$K = S_1 \times S_2,\quad \tilde{K} = R_2 \Longrightarrow b(Z+Z) = 1.$$

D'une manière analogue, si $G = A+B$ ou A,B sont des groupes infinis :

$$b(A+B) = 1$$

et si B est fini

$$b(A+B) = b(A).$$

(4) Supposons que card $A > 2$, card $B \geqslant 2$ et soient $\pi_1 K_A = A$, $\pi_1 K_B = B$.

$G = A * B$, alors $K = K_A \vee K_B$

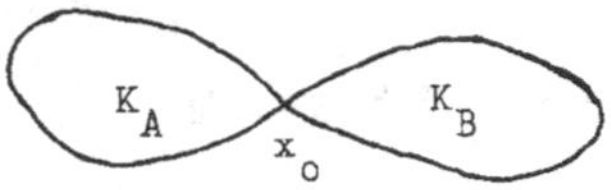

$\pi_1 K = A * B.$

Les revêtements universels de K_A , K_B seront

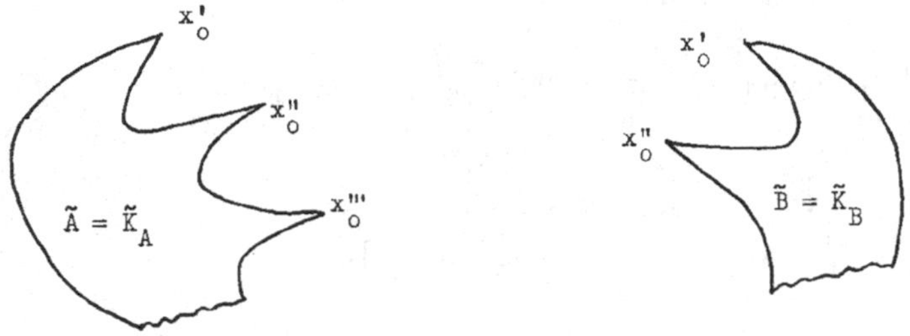

Donc le revêtement universel $\tilde{K}$ sera infiniment ramifié à l'infini :

$$b(\widetilde{K_A \vee K_B}) = \infty \Longrightarrow b(A * B) = \infty$$

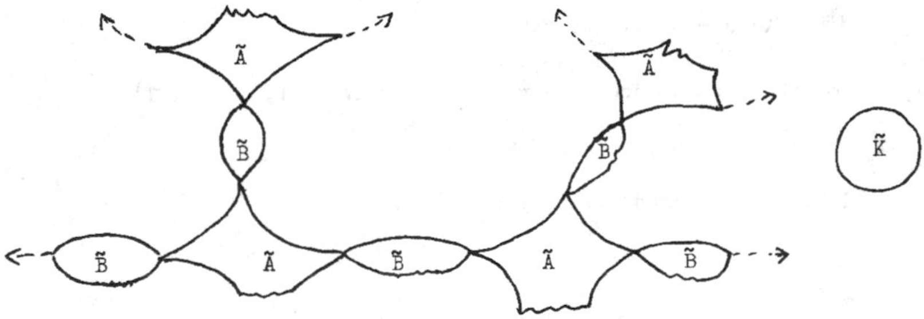

<u>Théorème 10.-</u> (Second théorème de Hopf) : "Soit G un groupe (de présentation finie). Les seules valeurs possibles pour $b(G)$ sont :

$$b(G) = 0,\ 1,\ 2,\ \infty\ ."$$

<u>Démonstration</u> : On va montrer que $b(G) \geqslant 3 \Longrightarrow b(G) = \infty$. Soit X un C.W. complexe fini (connexe) tel que $\pi_1 X = G$. On peut supposer que $X_o = pt$, donc G opère transitivement sur $(\tilde{X})_o$. On suppose donc, que $\infty > b\tilde{X} = b(\tilde{X})_1 = n \geqslant 3$

et on va trouver une contradiction.

On considère la "décomposition canonique" de $(\tilde{X})_1$, où K est compact et F_i est un ouvert connexe, $\partial F_i \subset K$, $F_i \sim b_i \in B((\tilde{X})_1)$ $(i = 1,\dots,n)$.

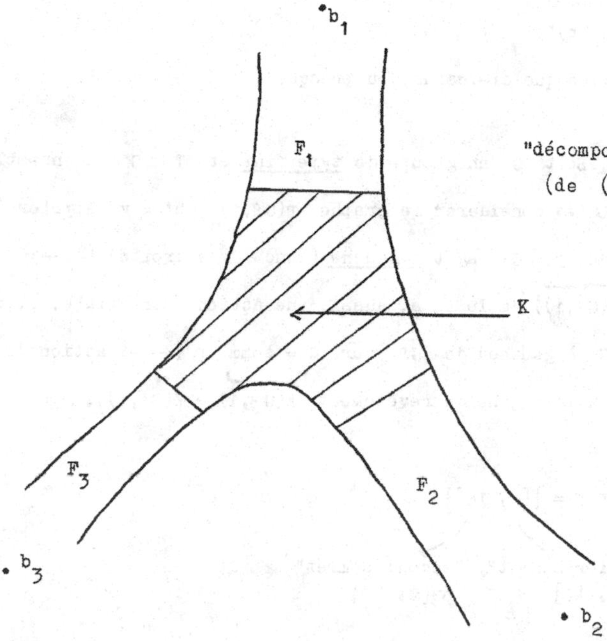

"décomposition canonique" (de $(\tilde{X})_1$).

On peut supposer que K est un sous-complexe (compact). Vu que G agit transitivement sur $(\tilde{X})_o$ (et G agit sur $(\tilde{X})_1$), $\exists g \in G$, tel que $gK \subset F_1$. Sans perte de généralité gK est très loin de K ($gK \cap K = \emptyset$). On a donc une autre image de $(\tilde{X})_1$:

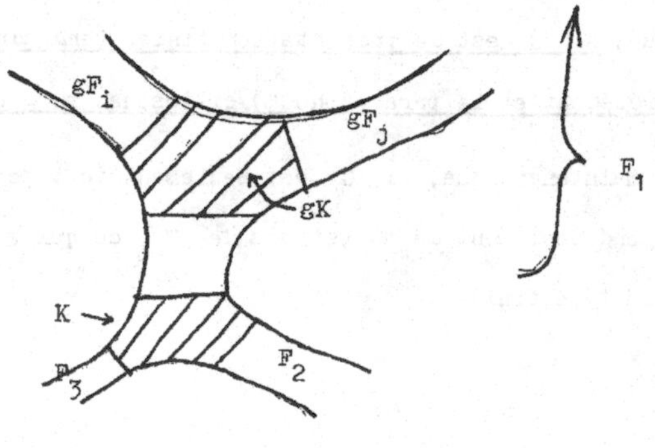

où le bout b_1 se casse au moins en deux bouts distincts. Donc $b\tilde{X} > n$, d'où la contradiction !

<u>Proposition 11.-</u> "Dans les mêmes conditions que ci-dessous $B\tilde{X}$ est parfait (donc c'est un ensemble de Cantor)".

(Même démonstration que ci-dessus, ou presque).

4) <u>Groupes de type fini.</u> Soit G un groupe de <u>type fini</u> et $T \subset G$ un ensemble <u>fini</u> qui engendre G. On va considérer le graphe $\Gamma(G^\circ, T)$ qu'on va appeler (par abus de langage Γ). Sur Γ, G° agit <u>à gauche</u> (donc G à droite) ($\longleftrightarrow$ action de G° à gauche sur $\widetilde{K(G^\circ,1)}$) mais on a, aussi, une action (compatible, et naturelle) <u>à droite</u> (donc G à gauche) de G° sur $G = \text{somm}\ \Gamma$ ($\longleftrightarrow$ action de G° à droite, sur le fibre, à l'origine du revêtement $\widetilde{K(G^\circ,1)} \to K(G^\circ,1)$).

Donc $\text{somm}\ \Gamma = G$.

$$G \times T = \text{arr}\ \Gamma = \{[g,\ tg]\}$$

"premier sommet" $v_1[g,\ tg]$ "second sommet" $v_2[g,\ tg]$

G agit <u>à droite</u> sur Γ et <u>à droite et à gauche</u> sur $G = \text{somm}\ \Gamma$.

[La raison de ce changement d'orientation par rapport au chapitre précédent est que de cette façon des bouts (de G) restent interprétés au terme de cohomologie de ZG-modules (à gauche) ; à part cela, vu que $G \simeq G^\circ$ (donc $(K(G,1))_i \approx (K(G^\circ,1))_i$ $(i \leqslant \infty)$ on n'a pas vraiment changé grand'chose ...].

On remarque que, <u>si G est de présentation finie, (engendré par T), d'après le chapitre précédent et le paragraphe 3) ci-dessus $bG = b\Gamma$.</u> $(\Gamma = (\tilde{Y}_i)_1)$.

On va montrer maintenant que, si G est seulement de type fini, $b\Gamma$ (en fait <u>même</u> $B\Gamma$!) dépend seulement de G (et pas de T), ce qui va nous permettre de définir (pour G de type fini) :

$bG = b\Gamma$ $(B(G) = B(\Gamma))$.

Soit $C^*(\Gamma) = C^o(\Gamma)+C^1(\Gamma)$ l'ensemble des co-chaînes cellulaires (simpliciales), mod 2 (à coefficients Z_2) sur Γ.

On va désigner par $\mathcal{P}(\dots)$ l'ensemble des parties de $(\dots)$, qui est naturellement une algèbre (anneau) de Boole ($a+b = a \cup b - a \cap b$ (somme modulo 2), $a \cap b = a \cap b, \dots$).

Donc notre

$$A(G) = \mathcal{P}(G) = \mathcal{P}(\text{somm } \Gamma)$$

se trouve naturellement être une algèbre de Boole où G opère à gauche (la multiplication par g étant un isomorphisme <u>d'algèbre</u>). Le <u>complémentaire</u> de $A \in A(G)$ sera désigné par $A^* = 1+A$. Z_2G qu'on va désigner maintenant par $F(G)$ est l'idéal des parties <u>finies</u>,

[Attention : Z_2G et $F(G)$ sont la même chose en tant qu'ensembles, et structures additives, les multiplications ne sont <u>pas</u> les mêmes. Sur Z_2G on a la multiplication (non-commutative) de G, sur $F(G)$ l'intersection des sous-ensembles].

$E(G) = A(G)/F(G)$ se trouve automatiquement munie d'une structure analogue (d'algèbre de Boole).

Sur $C^i(\Gamma)$ on a une addition + (mod 2) et le fait que pour chaque $\alpha \in \text{arr } \Gamma$ on a défini $v_1(\alpha)$, $v_2(\alpha) \in \text{somm } \Gamma$ (ses extrémités) fait que sur $C^*(\Gamma)$ on a un cup-produit (qu'on va désigner provisoirement par v). Puisqu'on travaille mod-2 une co-chaîne s'identifie à son support, donc, au moins du point de vue ensembliste :

$$C^o(\Gamma) = \mathcal{P}(\text{somm } \Gamma) = A(G)$$
$$C^1(\Gamma) = \mathcal{P}(\text{arr } \Gamma) = \mathcal{P}(T \times G).$$

Ces identifications sont compatibles avec le + (addition de co-chaînes <—> somme booléenne (mod. 2)).

Pour $C^o(\Gamma)$, v s'identifie à la multiplication booléenne : ($a,b \in A(G) \Longrightarrow$

$$a \vee b = a.b = a \cap b \;;$$

quelquefois, quand il n'y aura pas risque de confusion avec l'action $G \times A(G) \to A(G)$ ceci sera écrit, simplement ab).

Si $a \in C^o(\Gamma) = A(G) = \{G \to Z_2\} = \mathcal{P}(G)$ et $\alpha \in C^1(\Gamma) = \mathcal{P}(\text{arr}\,\Gamma)$ on définit $a \vee \alpha$, $\alpha \vee a \in C^1(\Gamma)$ par :

$$a \vee \alpha = \{x \in \alpha \text{ tel que } v_1(x) \in a\}$$

$$\alpha \vee a = \{x \in \alpha \text{ tel que } v_2(x) \in a\}.$$

Si l'on considère $E(G)$ comme ZG-algèbre (de Boole) à gauche, la cohomologie (à coefficients locaux) $H^o(G,E(G))$, munie de l'addition (+) et du cup-produi est une <u>algèbre de Boole</u> (qui dépend seulement de G).

<u>Théorème 12.-</u> $B(\Gamma) = \text{Spec}\, H^o(G,E(G))$.

<u>Démonstratio</u> : Il suffit de montrer que :

$$H^o(G,E(G)) = H^o_\infty(\Gamma,Z_2).$$

La démonstration contient plusieurs ingrédients qui seront constamment utilisés dans les chapitres IV, V.

Pour $A \in A(G)$, $g \in G$ on définit :

$$\boxed{\nabla_g A = A + gA \in A(G)} \;.$$

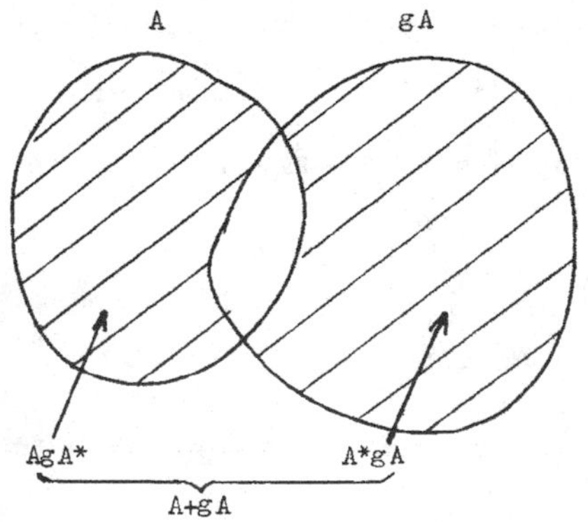

<u>Lemme α.-</u> "On a les identités suivantes :

α-1) $\nabla_g(A+B) = \nabla_g A + \nabla_g B$.

α-2) $\nabla_g(AB) = (\nabla_g A)B + gA.\nabla_g B$.

α-3) $\nabla_g 1 = \nabla_g 0 = 0$.

α-4) $\nabla_g(Ah) = (\nabla_g A)h$.

α-5) $\nabla_g(hA) = h\,\nabla_{h^{-1}gh} A$.

α-6) $\nabla_{g^{-1}} A = g^{-1}\,\nabla_g A$.

α-7) $\nabla_{gh} A = \nabla_g A + g\,\nabla_h A$.

α-8) $\nabla_g A = 0 \quad \forall g \Longrightarrow A = 0$ ou $A = 1$ $(1 = G)$".

[Par exemple, pour voir α-2) :

$$\nabla_g(AB) = AB+gA.gB = AB+gA.B+gA.B+gA.gB = (A+gA)B+gA(B+gB) = \ldots].$$

<u>Lemme β.-</u> "Soit $Q(G) \subset A(G)$ définie par :

$$Q(G) = \{A \text{ tel que } \forall g \in G\colon \nabla_g(A) \in F(G)\}.$$

$Q(G)$ est une sous-algèbre, fermée pour les actions (à droite et à gauche de G), contenant <u>l'idéal</u> $F(G)$. On a un isomorphisme d'algèbres :

$$Q(G)/F(G) = E(G)^G = H^\circ(G,E(G))."$$

Ceci est immédiat. On va introduire <u>la notation</u>

$$\mathfrak{E}(G) = Q(G)/F(G) \quad \text{(algèbre de Boole)}$$

$\mathfrak{E}(G)$ hérite d'actions à droite et à gauche de G. Mais l'action à gauche est <u>triviale</u> (puisqu'il s'agit d'éléments invariants (à gauche)).

<u>Lemme γ.-</u> "$A \in Q(G) \Longleftrightarrow \forall t \in \overline{T}$, $\nabla_t A \in F(G)$ où $\overline{T}$ est n'importe quel système fini de <u>générateurs de G</u>".

[Ceci résulte de α-6, α-7 qui impliquent que pour $g \in G$, quelconque

$$\nabla_g A = \{\text{une somme finie de translalés d'éléments de la forme}$$

$$\nabla_u A, \quad u \in \bar{T}\}].$$

Lemme δ.- "Considérons le <u>cobord</u> :

$$\partial : C^o(\Gamma) \to C^1(\Gamma) ;$$

alors :

$$\boxed{\partial A = \{(t,g) \text{ tel que } g \in \nabla_{t^{-1}} A\}} \quad "$$

<u>Démonstration</u> : Puisqu'on travaille mod.2, une arête $(t,g) \in \partial A \longleftrightarrow$ elle

a une extrémité dans A et l'autre dans A^*

$$A(A^*) \xrightarrow[\quad v_1 \quad (t,g) \in \partial A \quad v_2 \quad]{} A^*(A)$$

$$A(A^*) \xrightarrow[\quad v_1 \quad (t,g) \notin \partial A \quad v_2 \quad]{} A(A^*)$$

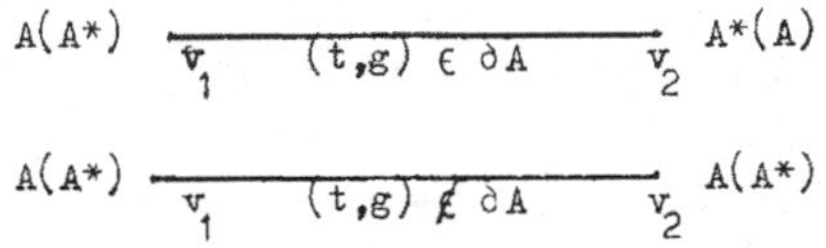

Donc :

$$(t,g) \in \partial A \Longleftrightarrow \begin{cases} g \in A \text{ et } tg \in A^* \ (\longleftrightarrow g \in t^{-1} A^*) \\ \text{ou} \\ g \in A^* \text{ et } tg \in A \ (\longleftrightarrow g \in t^{-1} A) \end{cases}$$

donc : $\qquad (t,g) \in \partial A \Longleftrightarrow g \in A.t^{-1}A^* \cup A^*.t^{-1}A =$

$$(= A.t^{-1}A^* + A^*.t^{-1}A) = A + t^{-1}A.$$

<u>Exemple</u> : Soit $G = Z$, $u = $ le générateur, $T = \{u\}$ $(ug = g+1)$. Soit

$A = \{x \in Z, x \leqslant n\}$.

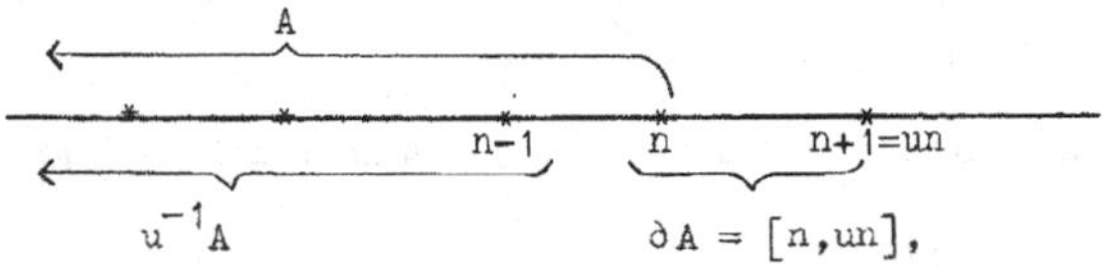

$$\partial A = [n, un],$$
$$\text{car } \{n\} = A + u^{-1}A$$

<u>Démonstration du théorème 12</u> : Donc, puisque T est <u>fini</u> :

$Q(G) = \{$l'ensemble des co-chaînes de $A(G) = C^o(\Gamma)$ dont le co-bord (∂) est une

co-chaîne <u>finie</u>$\}$.

$\Longrightarrow Q(G)/F(G) = H^0_\infty(\Gamma, Z_2) \Longrightarrow B(G) = \text{Spec } \mathcal{E}(G)$.

Exercice : $G \to B(G)$ est un foncteur covariant de la catégorie des groupes (de t. fini) dans la catégorie dont les objets ont les espaces topologiques homéomorphes (resp.) à $\emptyset$, {pt}, {pt,pt}, {Cantor} et les morphismes les appl. continus.

[Le passage à H^* renverse les flèches mais le passage à Spec les re-renverse].

Problème : Si $bG = \infty$ étudier l'homomorphisme :

$$\text{Aut } G \xrightarrow{\beta} \text{Homéomorphismes de } BG \approx \text{Aut (Cantor)}.$$

Existe-t'il des mesures invariantes ? [Pas toujours]. Peut-on réaliser le "shift-automorphism" ? Quelles sont les relations entre les propriétés de $h \in \text{Aut } G$ et les propriétés métrico-topologiques de $\beta(h)$?

5) Retour aux variétés de dimension 3 et énoncé des théorèmes de Stallings :

Théorème de Specker : "Soit V_3 une variété de dim. 3, fermée, connexe. $b\pi_1V_3$ détermine complètement π_2V_3 (en tant que groupe abélien). D'une manière précise :

$$b\pi_1V_3 = 0 \longrightarrow \pi_2V_3 = 0$$

$$b\pi_1V_3 = 1 \longrightarrow \pi_2V_3 = 0$$

$$b\pi_1V_3 = 2 \longrightarrow \pi_2V_3 = Z$$

$$b\pi_1V_3 = \infty \longrightarrow \pi_2V_3 = \pi_2(S_3-(\text{un ensemble de Cantor}) = Z^\infty\text{"}.$$

Démonstration : Si π_1V_3 est fini ($\Longleftrightarrow b\pi_1V_3 = 0$) $\Longrightarrow \tilde{V}_3$ est une sphère d'homotopie $\Longrightarrow \pi_2\tilde{V}_3 = 0 \Longrightarrow \pi_2V_3 = 0$.

Si π_1V_3 est infini, on a :

$$b\pi_1V_3 = b\tilde{V}_3 = \dim H^0_\infty(\tilde{V}_3, Z_2) = \dim H^0_\infty(\tilde{V}_3, Z).$$

Comme dans le corollaire 8 on a une suite exacte (à coefficients Z) (qui splitte) :

$$\begin{array}{ccccccccc} H_f^o(\tilde{V}_3) & \longrightarrow & \underbrace{H^o(\tilde{V}_3)} & \longrightarrow & \underbrace{H_\infty^o(\tilde{V}_3)} & \rightleftarrows & H_f^1(\tilde{V}_3) & \longrightarrow & H^1(\tilde{V}_3) . \\ \| & & & & & & & & \| \\ 0 & & Z & & Z^{bV_3} & & & & 0 \end{array}$$

On a donc :

$$H_\infty^o(\tilde{V}_3) = Z^{b(\pi_1 V_3)}$$

$$H_f^1(V_3) = Z^{b(\pi_1 V_3)-1} .$$

[Remarque : Si $b\pi_1 V_3 = \infty$, alors $B\pi_1 V_3$ = un cantor.

$$H_\infty^o(V_3, Z) = \mathcal{C}(B\pi_1 V_3, Z)$$

$$= \underbrace{Z \times Z + \dots \times Z \times \dots}_{\text{une infinité dénombrable de fois}} = Z^{b\pi_1 V_3}$$

une infinité <u>dénombrable</u> de fois,

puisque dans le cas où BX est infini $b\,X = \infty$ (et pas la "vraie cardinalité" de BX)].

Mais

$$\underbrace{H_f^1(\tilde{V}_3) = H_2\tilde{V}_3}_{\text{dualité de Poincaré}} = \pi_2\tilde{V}_3 = \pi_2 V_3 \qquad \text{q.e.d.}$$

Je rappelle le théorème de la sphère (de <u>Papakyriakopoulos</u>, Whitehead, Epstein).

<u>Sphere theorem</u> : "Soit W_3 une variété de dim. 3, connexe <u>quelconque</u>, telle que $\pi_2 W_3 \neq 0$. Il existe un <u>plongement</u>

$$X_2 \equiv X_2 \times 0 \subset X_2 \times [-1,1] \subset W_3$$

où $X_2 = S_2$ ou P_2 (le plan projectif), telle que l'image du générateur de $\pi_2 X_2$ soit non-homotope à 0 dans W_3."

(<u>Exercice</u> : Considérons la factorisation des variétés (orientables, fermées) de dim. 3, du chapitre I. Montrer que :

$$b\pi_1 V_3 = \infty \Longleftrightarrow V_3 \text{ est décomposable.}$$

$$\pi_1 V_3 \text{ est un facteur du type i) } (i = 0,1,2)$$

$$\Longleftrightarrow b\pi_1 V_3 = i).$$

<u>CONSTRUCTIONS DE GROUPES.</u> Soit (X,A) une paire d'espaces topologiques raisonnables (par ex. une paire de C.W. complexes), connexes, tel que $\exists$ un <u>ouvert</u> $A \times (-1,1)$:

$$A \equiv A \times 0 \subset A \times (-1,1) \subset X.$$

(On dira que A est un sous-ensemble <u>bicoloré</u> de A).

On peut faire <u>éclater</u> A :

$$\check{X} \xrightarrow{\pi} X$$

(π surjectif, $\pi : \check{X} - \pi^{-1}A \xrightarrow{\approx} X-A$, $\pi^{-1}A$ consiste de <u>deux</u> exemplaires de $A : A_1, A_2$).

On a deux cas : $\check{X}$ est connexe, ou $\check{X}$ a exactement 2 composantes connexes $X_1 \supset A_1$, $X_2 \supset A_2$.

ON VA SE PLACER DANS L'HYPOTHESE QUE LES INCLUSIONS $A_i \subset X$ INDUISENT UN <u>MONOMORPHISME</u> POUR π_1.

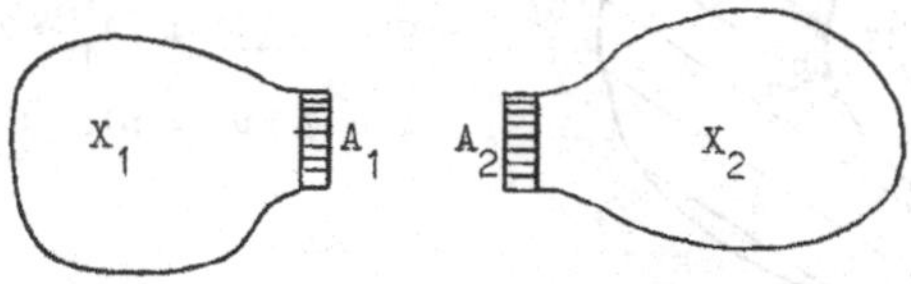

$\check{X}$ <u>non</u> connexe
(A <u>sépare</u>)

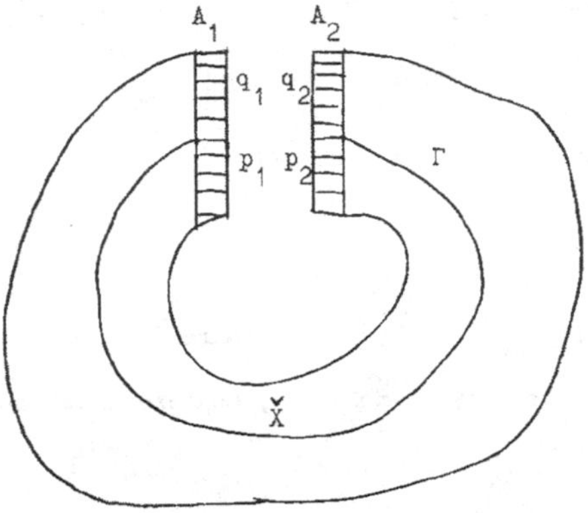

$\check{X}$ connexe
(A <u>ne sépare pas</u>).

Dans le cas $\check{X}$ connexe on considère $p \in A$, $\{p_1, p_2\} = \pi^{-1}(p)$. On unit p_1, p_2 avec un chemin (raisonnable = polygonal) <u>simple</u> $\Gamma \subset \check{X}$ (à homotopie près $\check{X}$ est gros ....).

Du point de vue homotopique $\check{X}$ et $\check{X}/\Gamma$ (où Γ est réduit à un point p) sont de même objet

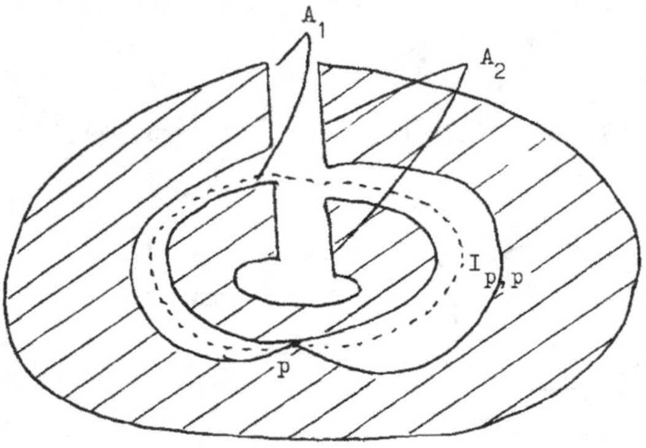

$\check{X}/\Gamma$
(dans $\check{X}/\Gamma$:

$A_1 \cap A_2 = p$.

On a un homéomorphisme <u>canonique</u> $\Phi : A_1 \to A_2$ tel que $\Phi(p) = p$).

<u>Proposition.-</u> (Van Kampen) :

"a) Si $\check{X}$ est <u>non</u> connexe :

$$\pi_1 X = \pi_1 X_1 \underset{\pi_1 A}{*} \pi_1 X_2 .$$

b) Si $\check{X}$ est connexe :

$$\pi_1 X = \underbrace{\pi_1 \check{X} \; *}_{\pi_1 A_1, \Phi_*}$$

(où $\Phi_* : \pi_1 A_1 \xrightarrow[\approx]{} \pi_1 A_2 \subset \pi_1 \check{X}$). Içi, si $G \supset H$ sont groupe est sous-groupe, et $\varphi : H \to G$ un monomorphisme

$$G_1 = \underbrace{G \; *}_{H,\varphi}$$

désigne le groupe présenté comme suit :

générateurs $G_1 = \{\text{gén. } G\} \cup \{\text{un nouveau générateur } t\}$

rel $G_1 = \{\text{rel } G\} \cup \{h = t^{-1}\varphi(h)t, \quad \forall h \in H\}$".

[a) est évidente; b) se voit comme suit : pour passer de $\check{X} \Longrightarrow X$ on doit unir chaque paire de points q_1, q_2 par un segment I_{q_1,q_2}. On peut supposer que le o-squelette $A_0 = p$. En termes de $\check{X}/\Gamma$ on commence par faire $\check{X}/\Gamma \cup I_{p,p} = (\check{X}/\Gamma) \vee S_1$ (donc le π_1 est $\pi_1 X * Z$ (t gén. de Z)). Ensuite, pour chaque 1-cellule $\alpha \subset A_1$ on colle à $\check{X}/\Gamma \cup I_{p,p}$ une 2-cellule comme ci-dessus :

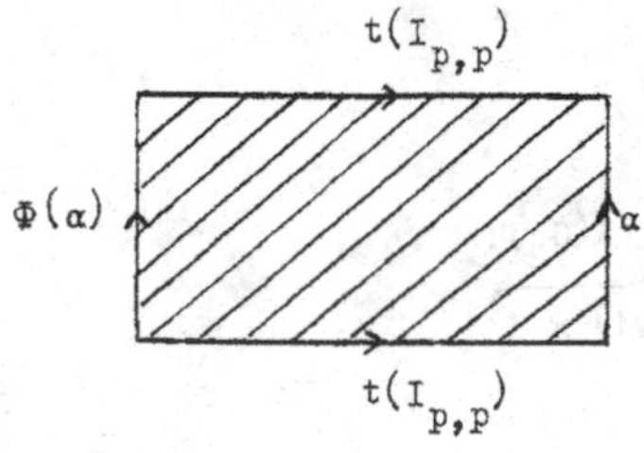

(la relation est : $\alpha t^{-1} \Phi(\alpha)^{-1} t = 1$)

Après cela on a obtenu le π_1 désiré, et ensuite on ne colle que des cellules de dimension $\geqslant 3 \ldots$].

<u>Proposition</u> ("réciproque") : "Supposons qu'on se donne

$$\underset{H}{G_1 * G_2} \qquad \left(\text{avec} \quad H \begin{array}{l} \xrightarrow{i} G_1 \\ \xrightarrow{i'} G_2 \end{array}\right) \qquad \text{ou}$$

$$G \underbrace{*}_{H,\varphi} \qquad (\text{avec } H \overset{}{\underset{i''}{\hookrightarrow}} G, \ \varphi \text{ mono})$$

et considérons des inclusions :

$$K(H,1) \subset K(G_1,1)$$

$$K(H,1) \subset K(G_2,1)$$

$$K(H,1) \subset K(G,1)$$

correspondant à i, i', i'' (par exemple en partant d'une version de $K(G_1,1)$, K_1 on a $i_*:K(H,1) \to K_1$, et on prend :

$K(G_1,1)$ = mapping cylinder de i_* :

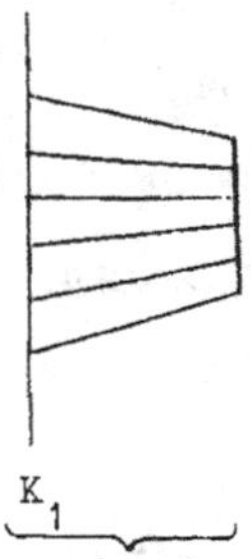

$K(H,1)$

$$\underbrace{K_1}_{K(G,1) \,=\, M(i_*)).}$$

Alors :

a) $$\underbrace{K(G_1,1) \cup (K(H,1)}_{K(H,1)\times 0} \times [0,1]) \underbrace{\cup K(G_2,1)}_{K(H,1)\times 1}$$

$$= K(\underset{H}{G_1 * G_2})$$

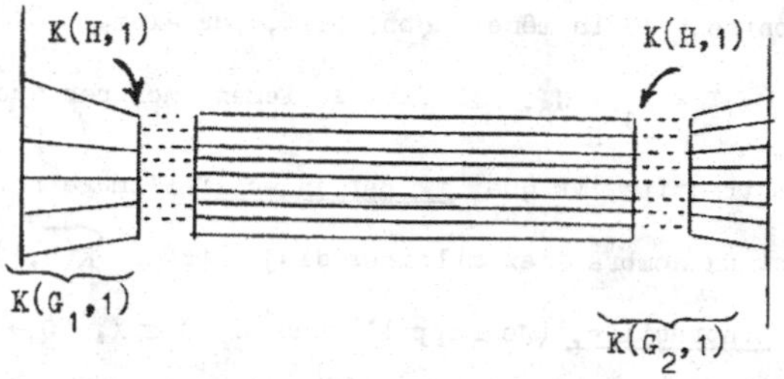

b) On considère $M(\varphi_*) \sim K(G,1)$ ce qui nous donne <u>deux</u> inclusions

$K(H,1)_o,\ K(H,1)_1 \subset K(G,1)$

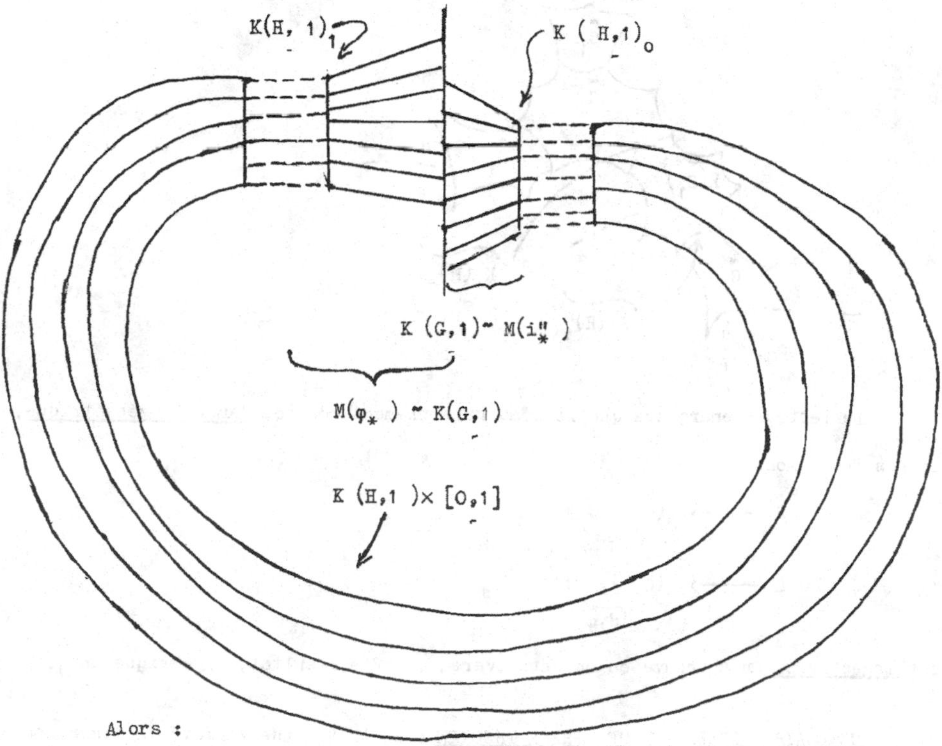

Alors :

$$\underbrace{K(G,1) \cup (K(H,1) \times [0,1])}_{(K(H,1)\times 0)\ \cup\ (K(H,1)\times 1)} = K(G \underset{H,\varphi}{*} ,1).$$

[a) et b) se démontrent de la même façon. Soit, par exemple X le membre gauche de a). Clairement $\pi_1 X = G_1 \underset{H}{*} G_2$. Il faut seulement montrer que le revêtement universel $\tilde{X}$ est contractile. Vu que <u>i est injectif</u> l'image réciproque de $K(H,1)$ dans $\widetilde{K(G_1,1)}$ est un nombre d'exemplaires disjoints de $\widetilde{K(H,1)}$; $\widetilde{K(H,1)}_1, \ldots$ et chaque exemplaire est <u>contractile.</u> (Je rappelle que si $A \subset X$, $0 \to \pi_1 A \to \pi_1 X$, alors, dans le revêtement universel $p:\tilde{X} \to X$, $p^{-1}A$ = une réunion disjointe de Index $[\pi_1 A:\pi_1 X]$ exemplaires de $\tilde{A}$).

$\tilde{X}$ est la figure <u>arborescente</u> (puisque $\pi_1 \tilde{X} = 0$), ci-dessus, où on colle des ensembles contractiles suivant des sous-ensembles contractiles :

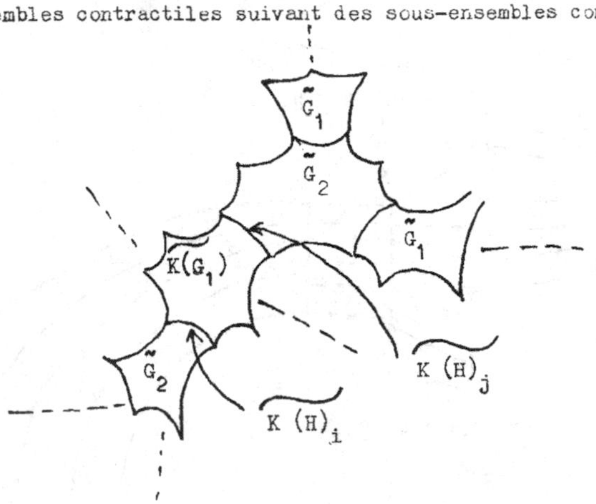

Le lecteur remarquera que le même raisonnement montre, <u>par voie géométrique</u>, que les inclusions

$$H \longrightarrow (G_1 \underset{H}{*} G_2)$$

$$H \longrightarrow (G_1 \underset{\widetilde{H,\varphi}}{*}\ )$$

sont <u>injectives.</u> On a trouvé ou on retrouvera, le même résultat, algèbriquement].

<u>COROLAIRE ALGEBRIQUE DU SPHERE THEOREM</u> : Soit V_3 une variété de dimension 3 connexe, fermée, telle que $b\pi_1 V_3 = \infty$. Alors :

$$\pi_1 V_3 = \begin{cases} G_1 \underset{H}{*} G_2 \\ \quad \text{ou} \\ G \underbrace{*}_{H,\varphi} \end{cases}$$

(où $H = \{1\}$ ou $Z/2Z$ et où la situation est <u>monomorphe</u>, dans le sens que $H \hookrightarrow G_1, \ldots$).

[Le lecteur remarquera que :

$$G \underbrace{*}_{\{1\},\varphi} = G * Z].$$

[On remarque, aussi, que si dans le sphere theorem $X = P_2$, $P_2 \subset V_3$ ne sépare <u>pas</u> (puisque P_2 n'est jamais cobordant à 0), et que dans $\check{V}_3$, $(\partial\check{V}_3 = P_2' \cup P_2'')$ le générateur de $\pi_1 P_2'$ n'est pas tué, car on pourrait le réaliser comme le bord d'un D_2 immergé dans $\check{V}_3$ (transversal à $\partial\check{V}_3$), ce qui contredirait la non trivialité du voisinage tubulaire de ce générateur, dans $\partial\check{V}_3$].

Ce corollaire est l'origine heuristique du :

<u>GRAND THEOREME DE STALLINGS SUR LES GROUPES A UNE INFINITE DE BOUTS.</u>

"Soit G un groupe (de type fini). $bG = \infty$ si et seulement si G possède l'une des deux descriptions qui suivent :

a) $G = G_1 \underset{H}{*} G_2$

où H est fini (sous-groupe propre des G_i) et

$$\max(\text{Index } [H:G_1], \text{Index } [H:G_2]) \geqslant 3.$$

b) $G = G_1 \underbrace{*}_{H,\varphi}$ où H est un sous-groupe fini propre et φ un monomorphisme".

<u>Corollaire.-</u> "Si G est de type fini, avec $\text{Tor } G = \emptyset$:

$bG = \infty \longleftrightarrow G$ est un produit libre non-trivial".

On a aussi :

LE THEOREME DE STALLINGS SUR LES GROUPES A DEUX BOUTS : "Soit G un groupe de type fini, $bG = 2$ si et seulement si G possède un sous-groupe invariant, fini $N \subset G$ tel que : $G/N = Z$ ou $Z/2Z * Z/2Z$:

$$0 \to \underset{(\text{fini})}{N} \to G \to \left\{ \begin{matrix} Z \\ \text{ou} \\ Z_2 * Z_2 \end{matrix} \right\} \to 0".$$

Corollaire.- "Si G est de type fini, avec $\text{Tor}\, G = \emptyset$:

$bG = 2 \Longleftrightarrow G = Z$". (Stallings-Wall)

Exercice : En utilisant l'argument géométrique de la "proposition réciproque" ci-dessus, montrer que pour un groupe G (de présentation finie) du type décrit dans les deux théorèmes de Stallings ($G_1 \underset{H}{*} G_2$ $\max(\text{Index}[H:G_i]) \geqslant 3, \ldots$) possède, effectivement le bG qu'il faut.

6) Applications algébriques des théorèmes de Stallings :

On va démontrer plus tard les deux faits suivants :

I. Soit r_G = le nombre minimum de générateurs de G. Alors :

$$r_{G_1 * G_2} = r_{G_1} + r_{G_2} \quad (\text{Grushko}).$$

II. Si $G \supset H$, $\text{Index}[H:G] < \infty$

$\Longrightarrow bG = bH$.

On considère ci-dessous des groupes de type fini.

Théorème.- "Soit (π) une propriété (des groupes) telle que :

(i) Si $G = G_1 * G_2$ $(G_i \neq \{1\})$

$G \in (\pi) \Longrightarrow G_i \in (\pi)$.

(ii) $G \in (\pi) \Longrightarrow bG > 1$.

Alors si $\text{Tor}\, G = \emptyset$, $G \in (\pi) \Longrightarrow G$ est libre."

Démonstration : Soit G comme ci-dessus : (Tor $G = \emptyset$, $G \in (\pi)$). Donc $bG = 2, \infty$. D'après les corollaires aux deux théorèmes de Stallings :

$G = Z$ (et on a fini)

ou

$G = G_1 * G_2$ $(G_i \neq \{1\})$

et $G_i \in (\pi)$, Tor $G_i = \emptyset$. (I) nous permet une récurrence.....

Corollaire 1°.- ("Conjecture de Serre") :

Si Tor $G = \emptyset$ et $\exists\, H \subset G$ avec H libre, Index $[H:G] < \infty \Longrightarrow G$ est libre.

Démonstration : Soit (π) la propriété de posséder un sous-groupe libre d'indice fini.

(π) est clairement héréditaire (i), car si $H' \subset G$, $H' \cap H$ est libre et d'indice fini dans H'. D'après (II), et le fait que b(groupe libre) $\geqslant 2$ on a que (π) satisfait (ii), c.q.f.d.

Corollaire 2°.- ("Conjecture d'Eilenberg-Ganea") :"Soit G un groupe tel que pour tout G-module M :

$$H^2(G,M) = 0$$

(un tel groupe s'appelle de dimension cohomologique $\leqslant 1$).

Alors G est libre".

Démonstration :

a) (Lemme de "Syzygy"). Si dim. cohomologique $G \leqslant 1 \Longrightarrow$ il existe un G-complexe projectif, acyclique :

$$0 \longleftarrow Z \xleftarrow[\varepsilon]{} C_0 \xleftarrow[d_0]{} C_1 \longleftarrow 0 \longleftarrow 0 \longleftarrow \dots$$

D'une manière plus précise, soit :

$$ZG \xrightarrow{\varepsilon} Z$$

l'augmentation canonique. Alors $P = \operatorname{Ker} \varepsilon$ est projectif. Si G est de type fini, il est de type fini.

[De toute façon, on peut construire une résolution projective :

$$0 \longleftarrow Z \overset{\varepsilon}{\longleftarrow} ZG \overset{d_0}{\longleftarrow} C_1 \overset{d_1}{\longleftarrow} C_2 \longleftarrow \cdots$$

et si G est de type fini C_1 peut être pris libre de type fini. (Penser au complexe de chaînes cellulaires de $\widetilde{K(G,1)}$, où $K(G,1)_0 = \text{pt}$, $K(G,1)_1 =$ des cellules correspondant aux générateurs de G).

Soit M le ZG-module

$$M = \operatorname{Ker} d_0 = \operatorname{Im} d_1 .$$

Notre hypothèse implique $H^2(G,M) = 0$. Soit $\alpha \in \operatorname{Hom}_{ZG}(C_2,M)$ la 2-co-chaîne :

$$C_2 \xrightarrow{d_1} \operatorname{Im} d_1 .$$

$d_1 \circ d_2 = 0 \Longrightarrow \partial\alpha = 0$ (α est un cocycle).

Donc α est co-frontière (puisque $H^2(G,M) = 0$);

$$\exists\, \beta \in \operatorname{Hom}_{ZG}(C_1,M) \quad \text{tel que} \quad \alpha = \beta \circ d_1$$

$$\begin{array}{ccccc} C_2 & \xrightarrow{d_1} & C_1 & \xrightarrow{d_0} & C_0 = ZG \\ & \searrow^{\alpha} & i\uparrow\ \downarrow\beta & & \\ & & M & & \end{array}$$

C'est clair que β est une retraction ($\beta \circ i = \operatorname{id} M$). ($\beta^2 = \beta$).

Soit $\gamma \in \operatorname{Hom}_{ZG}(C_1,C_1)$ défini par :

$$\boxed{\gamma(x) = x - \beta(x)} \ .$$

On a $\gamma^2 = \gamma$ car :

$$\gamma(\gamma(x)) = \gamma(x-\beta(x)) = x - \beta(x) - \underbrace{\beta(x-\beta(x))}_{=\,0} .$$

Donc $\mathrm{Im}\,\gamma \subset C_1$ est un facteur direct, donc un module projectif.

D'autre part :

$$\mathrm{Im}\,\gamma \xrightarrow[\approx]{d_o} \mathrm{Ker}\,\varepsilon = \mathrm{Im}\,d_o = P,$$

car $C_1 = M+P$ et $M = \mathrm{Ker}\,d_o$.

<u>Corollaire.-</u> $\forall M,\ H^2(G,M) = 0 \Longrightarrow \forall M,\ H^i(G,M) = 0\ (i \geq 2)$,
(ce qui justifie notre terminologie

dim. coh. ≤ 1.)

b) Si $H \subset G$ (G quelconque), une G-résolution projective (acyclique) de Z est automatiquement une H-résolution projective (acyclique) de Z.

[Il suffit de remarquer que si $1, h_1, \ldots$ est un système de générateurs de $H \diagdown G$, $1, h_1, \ldots$ est une ZH-base de ZG (considéré comme ZH-module). Donc ZG est ZH-libre. Donc tout ZG-module projectif est ZH-projectif en tant que facteur direct d'un ZH-module libre ...].

c) Si dim. cohomologique $G \leq 1 \Longrightarrow \mathrm{Tor}\,G = \emptyset$ (conséquence immédiate de a), b) car si on avait $H \subset G$, H cyclique fini, H ne pourrait supporter une résolution de Z à nombre fini de crans).

d) La propriété dim. cohomologique ≤ 1 s'hérite pour <u>tous</u> les sous-groupes (conséquence de a), b)).

e) dim. cohomologique $G \leq 1 \Longrightarrow bG > 1$.

[Soit G tel que $bG = 1$ et dim. cohomologique $G \leq 1$.
On a $H^1(G, Z_2G) = 0$, et, puisque G est infini et donc Γ ne possède <u>pas</u> des 0-co-chaînes finies, invariantes par translation à gauche, on a, aussi :

$$H^o(G, Z_2G) = 0.$$

Maintenant on ouvre une parenthèse :

Si M est ZG- à gauche (droite), on définit :

$$M^* = \mathrm{Hom}_{ZG}(M, ZG)$$

considéré comme ZG-à droite (gauche) par $\varphi.g(\alpha) = \varphi(\alpha)g$ ... On a une application naturelle $M \to M^{**}$.

Si M est libre de base (<u>finie</u>)

$x_1, \dots, x_n$,on définit une base (duale)

$x_1^*, \dots, x_n^*$ de M^* :

$$x_i^* \left(\Sigma \lambda_j x_i\right) = \lambda_i$$

et on voit que $M \approx M^{**}$. La même chose est vraie pour un module projectif de type fini P. En effet, P est facteur direct d'un M comme ci-dessus et on a un diagramme commutatif :

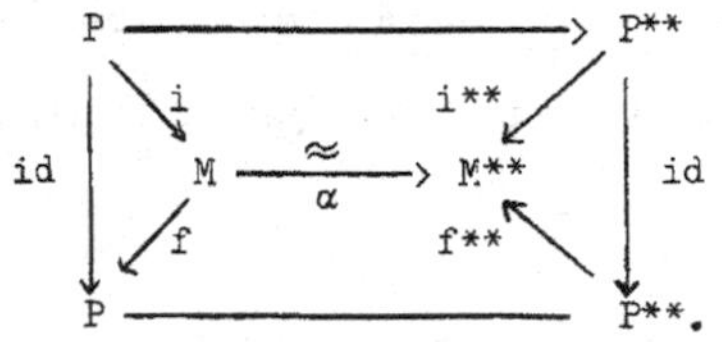

En particulier on a un triangle commutatif

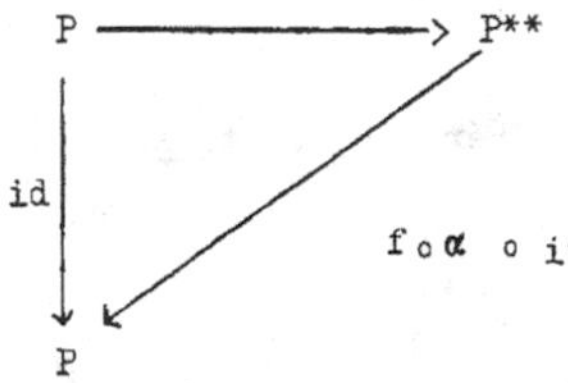

$f \circ \alpha \circ i^{**} = \varphi$

et un autre triangle commutatif

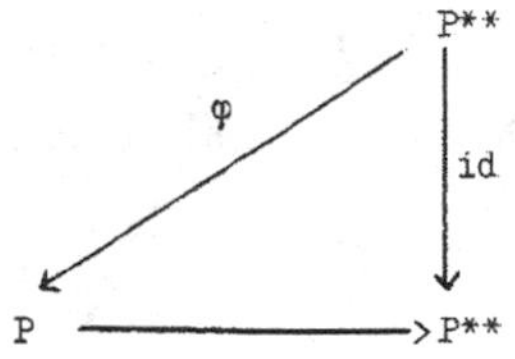

$\Longrightarrow P \approx P^{**}$.

Si P, Q sont projectifs de type fini et $\varphi : P \to Q$ est tel que

$P^* \xleftarrow[\approx]{\varphi^*} Q^* \Longrightarrow \varphi$ est isomorphe.

[Car on a un diagramme commutatif

$$\begin{array}{ccc} P & \xrightarrow{\approx} & P^{**} \\ \varphi \downarrow & & \downarrow \approx \varphi^{**} \\ Q & \xrightarrow{\approx} & Q^{**} \end{array}].$$

Toute la théorie marche pour un anneau (non commutatif, unitaire), Λ, en particulier pour $\Lambda = Z_2G$. En particulier, on a le :

<u>Lemme.-</u> " Soit :

$$0 \longrightarrow P \xrightarrow{\partial} Q \longrightarrow Z_2 \longrightarrow 0$$

où P, Q sont Z_2G-projectifs de type fini $\Longrightarrow \partial^*$ n'est <u>pas</u> un isomorphisme".

Revenons à notre G, avec dim. coh. $G \leqslant 1$, $bG = 1$. On a une résolution (avec P projectif de type fini)

$$(\Sigma_0) \quad 0 \to P \to ZG \to Z \to 0.$$

En tant que suite exacte de <u>groupes abéliens</u> cette suite splitte (on définit $ZG \xrightarrow{\beta} P$ par $\beta(\Sigma\, z_i g_i) = \Sigma\, z_i g_i - (\Sigma\, z_i).1)$. Donc la suite suivante est exacte :

$$(\Sigma_1)\ 0 \longrightarrow \underbrace{P \otimes_Z Z_2}_{= P_2 \text{ (déf)}} \xrightarrow{\partial} \underbrace{ZG \otimes_Z Z_2}_{= Z_2G} \longrightarrow \underbrace{Z \otimes_Z Z_2}_{= Z_2} \longrightarrow 0$$

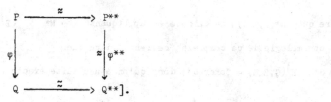

En plus, P_2 est Z_2G-projectif de type fini. D'autre part la cohomologie $H^*(G, Z_2G)$ se calcule en appliquant $\mathrm{Hom}_{ZG}(\ldots, Z_2G)$ à (Σ_0). Je dis que ça revient à appliquer $\mathrm{Hom}_{Z_2G}(\ldots, Z_2G)$ (c'est-à-dire la dualisation $*$ par rapport à Z_2G) à (Σ_1). Il suffit de remarquer que pour tout Q, module ZG-projectif de type fini, on a un isomorphisme canonique, fonctoriel :

$$\mathrm{Hom}_{ZG}(Q,Z_2G) \approx \mathrm{Hom}_{Z_2G}(Q \otimes_Z Z_2, Z_2G).$$

[On vérifie d'abord pour Q libre ...].

Mais dire que $H^*(G,Z_2G)$ se calcule en appliquant $M \to M^*$ à (Σ_1) et en calculant la cohomologie de ce complexe, revient à dire que $H^o(G,Z_2G) = \mathrm{Ker}\ \partial^*$, $H^1(G,Z_2G) = \mathrm{Coker}\ \partial^*$, donc qu'on a une suite exacte :

$$0 \longrightarrow H^o(G,Z_2G) \longrightarrow (Z_2G)^* \xrightarrow{\partial^*} (P_2)^* \longrightarrow H^1(G,Z_2G) \longrightarrow 0 .$$

On a vu que si $bG = 1$, les termes extrêmes sont nuls $\Longrightarrow \partial^*$ iso., ce qui est incompatible avec la suite exacte (Σ_1).

CHAPITRE III

PRE-GROUPES ET STRUCTURES BIPOLAIRES

1) Pré-groupes :

Définition .- Un PRE-GROUPE est un ensemlbe P , muni de :

a) un élément $1 \in P$.

b) une application $P \to P$, $x \to x^{-1}$.

c) une loi de composition non partout définie, c'est-à-dire :

$P \times P \supset D \to P : (x,y) \to xy$. ($(x,y) \in D \Leftrightarrow$ "xy est défini").

t.q. les 5 axiomes suivants soient vérifiés :

Axiome 1° . $\forall x \in P$ on a : $(1,x)$, $(x,1) \in D$ et $1x = x1 = x$

Axiome 2° . $\forall x \in P$ on a : $(x^{-1},x),(x,x^{-1}) \in D$ et $xx^{-1} = x^{-1}x = 1$

Axiome 3°. $(x,y) \in D \to (y^{-1},x^{-1}) \in D$ et $y^{-1}x^{-1} = (xy)^{-1}$.

Axiome 4° . ("Associativité", là où çà a un sens) . Soient (x,y), $(y,z) \in D$ alors : $(x,yz) \in D \iff (xy,z) \in D$ &

$$x(yz) = (xy)z .$$

Axiome 5°. Si (w,x), (x,y), $(y,z) \in D \Longrightarrow$

D contient au moins l'un des deux objets : (w,xy) , (xy,z) .

Exemples :

I) (trivial) $P = G = \text{groupe}, \quad D = G \times G, \ldots$

II) On se donne

$$H \overset{i}{\hookrightarrow} G_1 , \qquad H \overset{i'}{\hookrightarrow} G_2 \qquad (i, i' = \text{mono}).$$

$P = G_1 \cup G_2$.

$D = \{(x,y) \text{ t.q. } \quad x,y \in G_1 \quad \text{ou} \quad x,y \in G_2\}$

On vérifie Ax.5° comme suit : sans perte de généralité il suffit de considérer :

	(w,x)	(x,y)	(y,z)
	↓	↓	
(i)	H	H	
(ii)	$G_1 - H$	$G_1 - H$	

Dans la situation (i) , si $w \in H$ (ou $y \in H$) on a fini, autrement on peut faire la discussion suivante :

(*) : [(w , x) → $G_1 - H$, H] et [(x,y) → H, $\{G_1 - H(*)$ ou $G_2 - H(*')\}$]

(*') : [$G_2 - H(*')$] et [(y,z) → $G_2 - H$, G_2]

e.a.d.s.

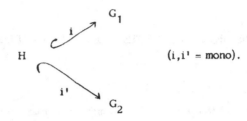

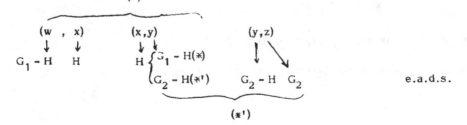

Dans la situation (ii) , $w, y \in G_1$ et on a fini.

Le but de ce paragraphe est d'attacher à un prégroupe P, quelconque, son "<u>groupe universel</u>" $\cup(P)$ à peu près de la même manière qu'on passe du prégroupe de l'exemple II à $G_1 \underset{H}{*} G_2$ et de donner pour $\cup(P)$ un théorème de structure des mots réduits, analogue un théorème de van der Waerden, donné au premier chapitre.

Soit P un prégroupe.

$(x_1, \ldots, x_n)$ $x_i \in P$, $x > 1$ s'appelle <u>un mot de longueur</u> n . Si $(x_i , x_{i+1}) \in D$ le mot est <u>réductible</u> et

$$(x_1, \ldots, x_{i-1}, x_i x_{i+1}, x_{i+2}, \ldots x_n)$$

en est une <u>réduction</u> . Si $(x_i, x_{i+1}) \notin D$ $(\forall i)$ le mot est <u>réduit</u>. (Si long = 1 le mot est automatiquement réduit).

<u>Quand ça a un sens</u>, on définit :

$$(x_1, \ldots, x_n) * (a_1, \ldots, a_{n-1}) =$$

$$= (x_1 a_1 , a_1^{-1} x_2 a_2 , a_2^{-1} x_3 a_3 , \ldots , a_{n-1}^{-1} x_n) .$$

<u>Lemme 1</u>.- $(x^{-1})^{-1} = x$.

[On considère $xx^{-1}(x^{-1})^{-1}$ qui est bien défini, ...] .

<u>Lemme 2</u>.- "Si ax est défini, $a^{-1}(ax)$ est défini et $a^{-1}(ax) = x$. De même, si xa est défini, $(xa)a^{-1}$ est défini et égal à x".

[Puisque $a^{-1}a$ et ax sont définis et de même $(a^{-1}a)x = 1.x$, $a^{-1}(ax)$

est défini ; puis on applique l'associativité ...].

Lemme 3.- Si $xa, a^{-1}y$ sont définis :

xy défini $\longleftrightarrow$ $(xa)(a^{-1}y)$ défini, et, si c'est le cas : $xy = (xa)(a^{-1}y)$ ".

[D'après Ax.4° :

$$((x,y) \in D) \longleftrightarrow (x,\underbrace{(a.a^{-1}y)}_{=y}) \in D \longleftrightarrow ((x,a),(a^{-1}y)) \in D\ ]$$

Lemme 4.- "Si xa, $a^{-1}y$ sont définis

(x,y,z) réduit $\longleftrightarrow$ $(xa,a^{-1}y,z)$ réduit, et

(z,x,y) réduit $\longleftrightarrow$ $(z,xa,a^{-1}y)$ réduit :

Dém : Supposons $(a^{-1}y,z) \in D$.

$$(\underbrace{x,\overbrace{a}^{}}_{D}\ ,\ \overbrace{\underbrace{a^{-1}y,z}_{D}}^{}) \overset{D}{} \Longrightarrow \text{(Axiome 5°)} \begin{cases} x(a.a^{-1}y) = xy \text{ défini} \\ \text{ou} \\ (a.a^{-1}y)z = yz \text{ défini} \end{cases}$$

$\Longrightarrow$ (x,y,z) pas réduit e.a.d.s.

(Exercice : (Axiomes 1°-4°) & lemme 4 $\Longrightarrow$ Ax.5°).

Lemme 5.- "Si (x,y) est réduit ($\longleftrightarrow$ $(x,y) \notin D$) et si xa, $a^{-1}y$ sont définis et $(a^{-1}y,b) \notin D \Longrightarrow (y,b) \notin D$.

[Donc : $(x,y) \notin D$ et xa, $a^{-1}y$, yb définis $\Longrightarrow$ $(a^{-1}y)b$ <u>défini</u> !].

Démonstration : (x,y) réduit $\rightarrow$ $(xa, a^{-1}y) \notin D$.

Si $(a^{-1}y,b) \notin D \Longrightarrow (xa, a^{-1}y,b)$ réduit

$\Longrightarrow (x,y,b)$ réduit $\Longrightarrow (y,b) \notin D$.

Lemme 6.- " Si X est réduit et $X * A$ est défini $\Longrightarrow$ $X * A$ réduit.

D'une manière plus précise, si

$X = (x_1, \ldots, x_n)$ réduit,

$A = (a_1, \ldots, a_{n-1})$

$x_i a_i$, $a_{i-1}^{-1} x_i$ définis $\Longrightarrow$ $(a_{i-1}^{-1} x_i) a_i$ définis & $X * A$ réduit".

Démonstration : $(a_{i-1}^{-1} x_i)a_i = a_{i-1}^{-1} x_i a_i$ est défini à cause du lemme 5 , appliqué à $(x_{i-1}, x_i) \notin D$, $x_{i-1}a_{i-1}$, $a_{i-1}^{-1} x_i$, $x_i a_i$.

Ensuite on applique le lemme 4 , plusieurs fois, à des suites de trois lettres consécutives de X (la propriété d'être "réduit" est "locale") :

$(x_1, \ldots, x_n)$ réduit $\Longrightarrow (x_1a_1 , a_1^{-1} x_2 , x_3 \ldots x_n)$ réd.

$\Longrightarrow$ $(x_1a_1 , a_1^{-1}x_2a_2 , a_2^{-1}x_3 , x_4, \ldots x_n)$ réduit $\Longrightarrow$ ....

Définition.- P^n = l' ensemble des mots de longueur n et $P^n \supset R_n$ = l'ensemble des mots réduits de longueur n.

Lemme 7 .- "Si $X \in R_n$, $A,B \in P^{n-1}$ et $X * A$,$(X * A) * B$ sont définis $\Rightarrow$ AB défini, et :

$$(X * A) * B = X * AB \quad .\text{"}$$

Démonstration : Pour que AB soit défini il suffit de montrer que si :

$(xy) \notin D$, xa , $a^{-1}y$, $(xa)b$, $b^{-1}(a^{-1}y)$ sont définis $\Rightarrow$ ab défini.

[$(x,y) \notin D \Rightarrow ((xa)b\ , b^{-1}(a^{-1}y)) \notin D$. Ensuite :

$$(\underbrace{x^{-1}, \overbrace{xa, b}^{D}}_{D}, \underbrace{b^{-1}(a^{-1}y))}_{D} \underset{Ax.5^o}{\Longrightarrow}$$

$$\begin{cases} ((xa)b\ , b^{-1}(a^{-1}y)) \in D & \text{(ce qui est impossible).} \\ \text{ou} & \\ (x^{-1}, (xa)b) \in D \underset{Ax.4^o}{\Longrightarrow} & \end{cases}$$

$$[\overbrace{(x^{-1}, \underbrace{xa, b}_{D})}^{D}\ , (x^{-1},(xa)b) \in D] \Rightarrow$$

$(x^{-1}(xa),b) = (a,b) \in D$] .

Corollaire.8.- Sur R_n on définit la relation :

$$X \approx Y \longleftrightarrow \exists A \text{ t.q. } Y = X * A \ .$$

" $\approx$ " est une relation d'équivalence.

[On a vu la transitivité, et clairement $X = X * I$ où : $I = (1, 1, \dots, 1)$.

Si

$$A^{-1} = (a_1^{-1}, \dots, a_{n-1}^{-1})$$

on a : $Y = X * A \longleftrightarrow X = Y * A^{-1}$ e.a.d.s.] .

<u>Définition</u> .- $R = \bigcup_n R_n$.

<u>Définition</u>. Pour $a \in P$, $X \in R$ $(X = x_1, x_2, \dots))$ on définit le mot $\lambda_a(X)$ comme suit :

(1) Si $(a, x_1) \notin D$:

$\lambda_a(X) = (a, x_1, x_2, \dots)$

(2) Si ax_1 est défini, mais $(ax_1, x_2) \notin D$:

$\lambda_a(X) = (ax_1, x_2, \dots)$.

(En particulier si $X = (x_1)$, $(a, x_1) \in D$:

$\lambda_a(X) = (ax_1)$.)

(3) Si ax_1 et $(ax_1)x_2$ sont définis :

$\lambda_a(X) = ((ax_1)x_2), x_3, \dots)$

<u>Lemme 9</u>.- X réduit $\longrightarrow \lambda_a(X)$ réduit.

En d'autres termes, pour définir (dans le cas X réduit) $\lambda_a(X)$ on commence le processus exprimé par (1), (2),... et on s'arrête dès qu'on trouve un <u>mot réduit</u>.

Ça arrive au plus tard après trois étapes !

[Dans (3) il faut montrer :

$((ax_1)x_2 , x_3) \notin D$.

Or : $((ax_1)x_2,x_3) \in D \implies$

$(\underbrace{x_1 , x_1^{-1} a^{-1}}, \underbrace{(ax_1)x_2 , x_3}) \implies$ (par Ax. 5°)

$\implies \begin{cases} (x_1 , x_2) \in D \\ \text{ou} \\ (x_2,x_3) \in D \end{cases}$ (contradiction).] .

<u>Lemme 10.</u> "X réduit, $(a,b) \in D \implies$

$\lambda_{ab}(X) \approx \lambda_a(\lambda_b(X))$."

Démonstration :

<u>Cas 1)</u> . $\lambda_b(X) = (b,x_1 , x_2 ,\ldots)$ (mot <u>réduit</u>)

1-1) $(ab,x_1) \notin D$:

$\lambda_a(\lambda_b(X)) = (ab,x_1,x_2 ,\ldots) = \lambda_{ab}(X)$.

1-2) $(ab,x_1) \in D$. Alors, $(b,x_1,x_2 ,\ldots)$ est réduit $\implies \lambda_a(b,x_1,x_1,\ldots)$ est réduit (donc il n'existe pas d'étape (4) dans la définition de $\lambda_a(\ldots)) \implies$

$((ab)x_1,x_2) \notin D$.

$\lambda_a(\lambda_b(X)) = \lambda_a(b,x_1 x_2 \ldots) = ((ab)x_1,x_2 ,\ldots) = \lambda_{ab}(X)$.

Cas 2). $\lambda_b(X) = (bx_1 , x_2 ,\dots)$ (mot réduit).

2-1) $(a,bx_1) \notin D$ ($\Rightarrow$ $(ab,x_1) \notin D$) .

$\lambda_a(\lambda_b(X)) = (a,bx_1 , x_2 ,\dots)$

$\lambda_{ab}(X) = (ab, x_1 , x,\dots) \approx ((ab)b^{-1} , bx_1,x_2,\dots) = \lambda_a(\lambda_b(X))$.

2-2) $(a,bx_1) \in D$ (Donc puisque ab, bx_1 sont définis $\Longrightarrow (ab,x_1) \in D$ et $a(bx_1) = (ab)x_1$) .

2-2-1) $(abx_1 , x_2) \notin D$.

$\lambda_a(\lambda_b(X)) = (abx_1, x_2 ,\dots) = \lambda_{ab}(X)$.

2-2-2) $(abx_1,x_2) \in D$

$$\lambda_a (\lambda_b(X)) = \underbrace{\lambda_a(bx_1 , x_2 ,\dots\dots\dots)}_{\text{réduit}} =$$

$$= \underbrace{((abx_1)x_2 , x_3 \;\dots)}_{} = \lambda_{ab}(X) .$$

forcément réduit car on a employé 3 étapes pour y arriver

Cas 3). $\lambda_b(X) = ((bx_1)x_2 , x_3 ,\dots)$ (réduit).

Je dis que, toujours, on aura $(a,bx_1) \in D$.

[Si $(a,bx_1) \notin D$ on a : $(ab,x_1) \notin D$. Donc :

$\lambda_{ab}(X) = (ab,x_1 ,\dots) \approx (a,bx_1 , x_2 ,\dots)$

$\Rightarrow$ $(bx_1,x_2) \notin D$] . Donc $(a,bx_1) \in D \Rightarrow (ab,x_1) \in D$, ...

3-1) $(abx_1, x_2) \notin D \iff (a,(bx_1)x_2) \notin D)$.

$\lambda_a(\lambda_b(X)) = \lambda_a((bx_1)x_2, \ldots) =$

$= (a,(bx_1)x_2,x_3, \ldots) \approx \underbrace{(a(bx_1), x_2, \ldots)}_{\text{réduit}} = ((ab)x_1,x_2 \ldots) = \lambda_{ab}(X)$.

3-2) $(abx_1, x_2) \in D \; (\implies (a(bx_1),x_2) \in D \implies (a,(bx_1)x_2) \in D)$.

$\lambda_{ab}(X) = \underbrace{(((ab)x_1)\, x_2, x_3 \ldots)}$ $= (a((bx_1)x_2), \ldots)$

réduit, forcément, car on a employé trois étapes pour y arriver.

$\lambda_a(\lambda_b(X)) = \lambda_a((bx_1)x_2, \ldots) = (a((bx_1)x_2), \ldots)$ (puisque ce mot est réduit !)

Lemme Fondamental : "Si $\tilde{R} = \tilde{R}(P)$ désigne l'ensemble des classes d'équivalence de $R = R(P)$ mod $\approx$, alors, $\forall a \in P$, la fonction

$$\lambda_a : R(P) \longrightarrow R(P)$$

induit une fonction

$$\lambda_a : \tilde{R}(P) \longrightarrow \tilde{R}(P)$$

t.q. $\lambda_1 = id$, $\lambda_{ab} = \lambda_a \cdot \lambda_b$."

Démonstration : la seule chose à montrer est que, si $Y = X * B$, alors

$$\lambda_a(X) \approx \lambda_a(Y) .$$

Soit :

$(X * B) = (x_1 b_1, b_1^{-1} x_2 b_2, \ldots, b_{n-1}^{-1} x_n)$

Cas 1). $(a,x_1) \notin D$. Donc

$$\lambda_a(X) = (a,x_1,x_2,\ldots)$$

D'autre part :

$$\underbrace{(a,x_1,x_2)}_{\text{réduit}} \Longrightarrow (a,x_1b_1,b_1^{-1}x_2) \text{ réduit} \Longrightarrow ((a,x_1b_1) \notin D \Longrightarrow \lambda_a(Y) =$$

$$= (a,x_1b_1,b_1^{-1}\ x_2b_2,\ldots) = \lambda_a(X) * (1,b_1,b_2,\ldots) \approx \lambda_a(X) .$$

Cas 2). $(a,x_1) \in D$, et $((ax_1),x_2) \notin D$. Donc

$$\lambda_a(X) = (ax_1,x_2,\ldots) \quad \text{(réduit)}$$

Je dis que $(ax_1,b_1) \in D$.

[Sinon : $(a,x_1b_1) \notin D \Longrightarrow (a,x_1,b_1,b_1^{-1}\ x_2)$ réduit

$\Longrightarrow$ (a,x_1,x_2) réd. $\Longrightarrow$ $(a,x_1) \notin D$] .

Donc $(ax_1b_1, b_1^{-1}x_2b_2, b_2^{-1}\ x_3b_3, \ldots)$ a un sens. Comme c'est $\approx$ à $\lambda_a(X)$ c'est réduit.

Donc :

$$\lambda_a(Y) = \underbrace{(ax_1b_1\ ,\ b_1^{-1}x_2b_2\ ,\ldots)}_{\text{réduit.}} \approx \lambda_a(X)$$

Cas 3). $(a,x_1) \in D \ni (ax_1,x_2)$. Donc :

$(ax_1\ ,\ x_2,x_3)$ pas réduit $\Longrightarrow$ $(ax_1,x_2b_2,\ b_2^{-1}x_3)$ pas réduit.

$\Longrightarrow$ (puisque $(x_2,x_3) \notin D$) $(ax_1)x_2b_2$ défini.

$$\lambda_a(X) = \underbrace{((ax_1)x_2, x_3, \dots)}_{\text{réduit (3 pas)}} \approx$$

$$\approx \underbrace{((ax_1)x_2b_2, b_2^{-1}x_3b_3, \dots .)}$$

Ceci a donc un sens et est réduit.

D'autre part on a vu (cas 2) ci-dessus) que

$$(a, x_1) \in D \implies (ax_1)b_1 \quad \text{est défini.}$$

Donc : $(ax_1, x_2b_2) \in D \implies (ax_1b_1, b_1^{-1}x_2b_2) \in D$

et $\quad (ax_1)(x_2b_2) = (ax_1b_1)(b_1^{-1}x_2b_2) \qquad$ (lemme 3) .

Donc :

$$((ax_1)(x_2b_2), b_2^{-1}x_3b_3, \dots) =$$

$$= ((ax_1b_1)(b_1^{-1}x_2b_2), b_2^{-1}x_3b_3, \dots) =$$

$$= \lambda_a(x_1b_1, b_1^{-1}x_2b_2, \dots) = \lambda_a(Y) \quad . \quad \text{q.e.d.}$$

LE GROUPE UNIVERSEL $U(P)$.

Si P, Q sont des prégroupes, $\Phi : P \to Q$ est un morphisme, si

$(x, y) \in D \implies (\Phi x, \Phi y) \in D \quad$ et $\quad \Phi(xy) = \Phi(x)\Phi(y)$.

Exercice. Ceci implique $\Phi(1) = 1$, $\Phi(x^{-1}) = \Phi(x)^{-1}$.

<u>Théorème 1.</u>- "Si P est un prégroupe il existe un groupe U(P) et un morphisme $i : P \longrightarrow U(P)$ qui sont la solution du <u>problème universel</u> suivant. Pour tout morphisme $\varphi : P \longrightarrow G$ = groupe $\exists!$ morphisme $\psi : U(P) \longrightarrow G$, t.q.

$$\begin{array}{ccc} P & \xrightarrow{\ i\ } & U(P) \\ & \searrow^{\varphi} & \downarrow{\psi} \\ & & G \end{array}$$

$(U(P), i)$ sont uniques (à iso. près)".

Démonstration : <u>Existance</u> : U(P) est défini par générateurs et relations comme suit : P engendre U(P). Chaque fois que $(x, y) \in D$, $xy = z \in P$, $xy\,z^{-1} = 1$ est une relation de U(P).

<u>L'unicité</u> se démontre par le même procédé que l'on utilise toujours dans les problèmes universels.

<u>Exemple</u> : Si l'on considère (exemple II ci-dessus) :

$$\begin{array}{ccc} & \nearrow & G_1 \\ H & & \\ & \searrow & G_2 \end{array} \qquad , \quad P = G_1 \cup G_2 ,$$

alors : $U(P) = G_1 \underset{H}{*} G_2$, e.a.d.s.

Théorème 2.- "Soit P un prégroupe et U(P) son groupe universel. Pour chaque $g \in U(P)$, $\exists$ un mot réduit $(x_1, x_2, \ldots)$ (de P^n) .t.q. : (i(x) sera désigné par $x \in U(P)$) .

$$g = x_1 x_2 \ldots \text{ (produit dans } U(P)) .$$

$((x_1, x_2, \ldots)$"représente" g). Deux mots réduits X' , X" représentent le même $g \longleftrightarrow X' \approx X''$. i est un monomorphisme."

Démonstration (à la van der Waerden) :

Soit Σ le groupe des permutations de $\tilde{R}(P)$. Le lemme fondamental nous fournit un morphisme $U(P) \xrightarrow{\lambda} \Sigma$. On va utiliser la même notation qu'avant : $\lambda(g) = \lambda_g$.

Puisque P engendre U(P), chaque g se représente par un mot $X \in P^n$. Les réductions successives n'affectent pas la "valeur" g, donc g peut se représenter par un mot réduit $X \in R(P)$. C'est évident, aussi, que si $X, Y \in R$, $X \approx Y \Longrightarrow$ dans U(P) , X et Y représentent le même élément:

$$g = ix_1 . ix_2 \;\; .... \;\; ix_n$$

$(x_1, ..., x_n) = X \in R(P)$

$((x_i) \in R(P)$ (mot réduit de longueur 1) .

Puisque X est réduit :

$$\lambda_g \underbrace{((1))} = \lambda_{x_1}(\lambda_{x_2}(... (\lambda_{x_n}((1)) ...) = (x_1, ..., x_n) = X \;.$$

le mot réduit de longueur 1 correspondant à $1 \in P$.

Si l'on désigne par [ ] la classe d'équivalence $(R \longrightarrow \tilde{R})$ on a donc :

$$\boxed{\lambda_g([1]) = [X]}$$

Donc $[X]$ est complétement déterminé par g .

Comme pour les mots (forcément réduits) de longueur 1 :

$[x] = [y] \longleftrightarrow x = y$, on voit que i est mono.

D' AUTRES EXEMPLES :

III) $G \supset H$ (groupe, sous groupe) , $O \to H \underset{\Phi}{\to} G$ (une autre inclusion).

Considérons un "symbole" x, et :

$$P' = G \cup (x^{-1}G) \cup (Gx) \cup (x^{-1}Gx)$$

(réunion disjointe) (si x^n est 'au début" il est x^{-1} s'il est à "la fin" il est $x^{+1} = x$).

$$P = P'/\{h \in H \ ; \ h = x^{-1}\Phi(h)x\} \ . \text{(quotient)} .$$

On commence par mettre dans D :

$$D \supset (G,G) \ , (x^{-1}G,G) \ , (G,Gx) \ ,$$

$$\underbrace{(Gx,x^{-1}G)}_{xx^{-1}=1,\ldots} \ , \ (Gx,x^{-1}Gx) \ , \ (x^{-1}Gx \ , \ x^{-1}G)$$

$(x^{-1}G,Gx)$, $(x^{-1}Gx, \ x^{-1}Gx)$. [Le produit $D \longrightarrow P$ est défini d'une manière évidente, pour ces cas] .

Mais pour définir P , on a introduit, aussi, la relation :

$$x^{-1}\Phi(h) = hx^{-1} (\leftrightarrow xh = \Phi(h)x).$$

Par rapport à ce qu'on a déjà mis dans D , il nous reste "les mauvais cas" :

$$(*) \qquad \underbrace{(x^{\varepsilon}\ g)}_{\varepsilon = 0,-1} \quad (x^{-1}\ g' \ \underbrace{x^{\eta})}_{\eta=0,1} \qquad \text{et}$$

$$(**) \qquad (x^{\varepsilon}gx) \ (g'x^{\eta}) \ .$$

Par définition, on met encore dans D :

- $(*)$, $\varepsilon = 0$, $g = h \in H$

$$(h.(x^{-1}g'x^{\eta}) = x^{-1} . \Phi(h)\, g' . x^{\eta})$$

-(*), $g' \in \Phi(H)$ $(g' = \Phi(h))$, $\eta = 1$) .

$(x^{\varepsilon} g.(x^{-1}\Phi(h)x) = x^{\varepsilon}.gh)$

-(**) , $\eta = o$, $g' = h \in H$

$(x^{\varepsilon} gx .h = x^{\varepsilon} g\Phi(h)x)$

-(**) , , $\varepsilon = -1$, $g = \Phi(h)$.

$(x^{-1}\Phi(h)x . g'x^{\eta} = hg' . x^{\eta})$.

<u>Proposition</u>.- L'objet qu'on vient de définir est un prégroupe (P,D), et :

$$U(P) = \underbrace{G \quad *}_{H\ ,\ \Phi}$$

[Les axiomes (4°), 5° , se vérifient cas par cas :

Si a,b,c,d $\in P$, (a,b), (b,c), (c,d) $\in D$ et si bc est défini à cause du premier paquet qu'on a mis dans D(un $\ldots x^{+1}$, x^{-1} ... qui disparaît !) et ab, (ou cd) de même, on a fini . Supposons alors que bc est défini à cause de : ($\ldots x . x^{-1} \ldots = \ldots$) et que ab non. On a les cas suivants :

a	b	c	d
h	$x^{-1}g'x$	$x^{-1}\ldots$	
$\underbrace{x^{-1}\Phi(h)x}_{h}$		$x^{-1}g$	$\underbrace{x^{-1}\Phi(h')x}_{h'}$

e.a.d.s.

On laisse au lecteur le soin de continuer cette discusion cas par cas ...

D'autre part, on obtient bien le groupe qu'on veut, car le premier paquet qu'on a mis dans D signifie qu'on a introduit (exactement) :

(les relations de G) $\cup$ $(xx^{-1} = 1)$. Le second paquet, introduit, exactement, les relations : $h = x^{-1}\, \Phi(h)\, x$] .

Corollaire.- Si $H \subset G$ est un sous groupe et $\Phi : H \to G$ un monomorphisme, $\exists$ un groupe $G' \supset G$ et un automorphisme intérieur $h : G' \longrightarrow G'$, t.q.

$$h \mid H = \Phi$$

IV) $H \subset G$; $P = G$

$(x,y) \in D \longleftrightarrow$ au moins l'un des $x, y, xy \in H$.

V) Une autre structure de prégroupe attachée à $A \underset{C}{*} B$:

$P = \{ bab' \;;\; b, b' \in B \;,\; a \in A \}$.

$(x,y) \in D \longleftrightarrow xy \in P$.

En utilisant le théorème de van der Waerden (ch.I) ceci est un prégroupe (et $U(P) = A \underset{C}{*} B$) $[(bab' , b_1 a_1 b_1') \in D \longleftrightarrow a \in C$, ou $a_1 \in C$, ou $b' b_1 \in C$.

Considérons (ax 5°)

$$bab' \quad , \quad b_1a_1b'_1 \quad , \quad b_2a_2b'_2 \quad , \quad b_3a_3b'_3$$

Si $a_1 \in C \longrightarrow b_1a_1b'_1 . b_2a_2b'_2 . b_3a_3b'_3$ est défini.

(de même, si $a_2 \in C \longrightarrow bab' . b_1a_1b'_1 . b_2a_2b'_2$ est défini.

– supposons $b'_1 \, b_2 \in C$: on vérifie que le produit des premiers 3 facteurs

est défini.

En effet, on a :

$$bab' \qquad b_1a_1b'_1 \qquad b_2a_2b'_2$$

$$b'_1b_2 \in C$$

$$(a_1 \notin C)$$

(i) $\quad C$

(ii) $\qquad b'b_1 \in C$

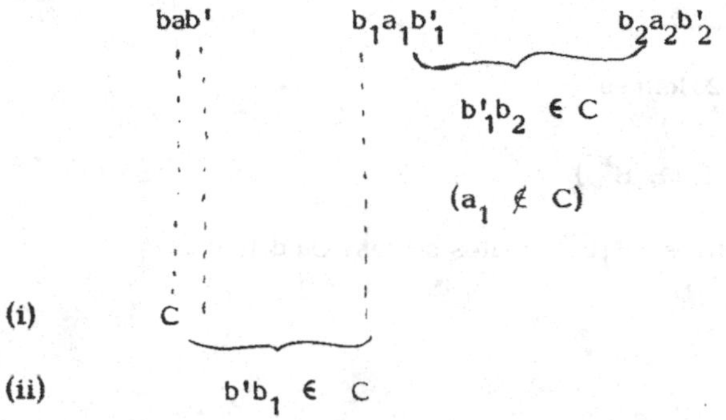

et dans les deux cas

$$bab' . b_1a_1b'_1 . b_2a_2b'_2 \quad \text{est défini....}$$

Enfin $U(P)$ est bien $A \underset{C}{*} B$, car toutes les (relations de A) $\cup$ (relations de B) sont contenues dans notre D et on n'a ajouté aucune relation qui soit contradictoire avec la structure de $A \underset{C}{*} B$]

Exercise : comparer la structure des mots réduits dans les deux prégroupes attachés

à $A \underset{C}{*} B$.

2) Structures bipolaires. Une structure bipolaire sur le groupe G est une partition disjointe de G sous-ensembles désignés :

$$F, S \quad EE\ ,\ E^*E\ ,\ EE^*\ ,\ E^*E^*$$

satisfaisant aux axiomes 1° - 8° ci-dessous.

Convention importante sur les notations :

C'est seulement les mots de 2 lettres

$$X, Y, Z \quad ,\ldots \in \{E, E^*\}$$

qui auront un sens, mais pas les lettres E, E^* toutes seules. On définit :

$$X^* = \begin{cases} E^* & \text{si} \quad X = E \\ E & \text{si} \quad X = E^* \end{cases} .$$

Donc $X^{**} = X$.

Axiome 1°. $1 \in F (\neq \emptyset)$ et F est un sous groupe.

Axiome 2°. $F \cup S$ est un sous-groupe, et Index $[F : F \cup S] \leq 2$.(On a donc une suite exacte :

$$0 \longrightarrow F \longrightarrow F \cup S \longrightarrow \begin{Bmatrix} Z_2 \\ 0 \end{Bmatrix} \longrightarrow 0).$$

Axiome 3°. $f \in F \quad , g \in XY \implies gf \in XY$.

Axiome 4°. $g \in XY \ , \ s \in S \implies gs \in XY^*$.

Axiome 5°. $g \in XY \implies g^{-1} \in YX$.

Axiome 6°. $g \in XY \ , \ h \in Y^*Z \implies g \in XZ$.

Axiome 7°. $\forall g \in G \ , \ \exists \ N(g)$, t.q. si

$$g = g_1 g_2 \ \dots \ g_n \ ,$$

$$\{X_o , \dots, X_n\} \in \{E, E^*\} \ , \quad g_i \in X^*_{i-1} X_i \ .$$

$\Longrightarrow \quad n \leqslant N(g)$. [G est engendré par des "éléments irréductibles"].

Pour $g \in G$ on va désigner par $N(g)$ (abus de notation) le plus petit des $N(g)$ satisfaisant l'axiome 7° . Si $g \in F \cup S$, par définition $N(g) = 1$.

Axiome 8°. $EE^* \neq \emptyset$.

EXEMPLES :

I') $G = G_1 * G_2 \quad (r_{G_i} > 1)$.

On a la structure bipolaire suivante :

$F = \{1\}$, $S = \emptyset$, et pour les éléments de $G - \{1\}$ écrits sous forme réduite :

$EE = \{g'_1 \ \dots\dots\dots \ g''_1\} \qquad (g'_1 \in G_1 , \dots)$

$E^* E = \{g_2 \ \dots\dots\dots\dots \ g_1\}$

$EE^* = \{g_1 \ \dots\dots\dots\dots \ g_2\}$

$E^*E^* = \{g'_2 \ \dots\dots\dots\dots g''_2\}$

Un exemple légèrement plus général :

$$F \hookrightarrow G_1, \quad F \hookrightarrow G_2 \qquad , \quad G = G_1 \underset{F}{*} G_2 \ .$$

On aura $S = \emptyset$ et pour $G - F$ on applique le théorème de van der Waerden (dans la version bis)

$$G - F \ni g \longrightarrow (G_{i_1}, \ldots, G_{i_m})$$

(où $i_j \in \{1,2\}$, $i_{j-1} \neq i_j$) . Alors, comme ci-dessus :

$g \in EE \longleftrightarrow i_1 = i_m = 1$, e.a.d.s. .

L'axiome 7° est vérifié, car, toujours d'après van der Waerden $N(g) = m \geqslant n$.

II') $G = G_1 * Z \qquad (G_1 \neq 1)$.

$F = \{1\}$, $S = \emptyset$. On choisit un générateur $u \in Z$, et on demande que

$$G - 1 = EE \quad , \quad u \in EE^* \quad .$$

Pour $1 \neq g = g_1 \ldots g_n$ (écriture réduite)

$$\left.\begin{array}{l} E \leftrightarrow g_1 \in G, g_1 = u \\ E^{*} \leftrightarrow \quad g_1 = u^{-1} \end{array}\right\} \quad g_1 \ldots\ldots g_n \left\{\begin{array}{l} E \longleftrightarrow g_n \in G_1, g_n = u^{-1} \\ E^{*} \longleftrightarrow g_n = u \end{array}\right.$$

III') On part de $F \hookrightarrow G_1$, de

$$O \longrightarrow F \longrightarrow F \cup S \longrightarrow Z_2 \longrightarrow o$$, et de :

$$G = \{F \cup S\} \underset{F}{*} G_1$$

(On pense à la situation géométrique $K(F,1) \subset K(G_1,1)$

$K(F,1) \subset K(F \cup S,1) =$ { Mapping cylinder du <u>revêtement à 2 feuillets</u> :

$$K(F,1) \longrightarrow K(F \cup S,1)\}$$, et

$$K(G,1) = K(G_1, 1) \underset{K(F,1)}{\cup} K(F \cup S,1)$$

Le cas $S \neq \emptyset$ représente une structure plus spéciale, et pas "plus générale"...) .

D'après la première forme de van der Waerden, tout $g \in G$ s'exprime :

$$g = f \ldots\ldots sg'_1\, sg''_1\, sg''_1\, s \ \ldots\ldots$$

On impose : $G_1 - F \subset EE$, après :

$$sg_1 \in E^{*}E \quad , g_1 s \in EE^{*} \quad ,$$

$$\underbrace{g_1 s}_{EE^{*}} \quad \underbrace{g'_1}_{EE} \in EE$$, e.a.d.s.

<u>Le graphe Γ de Z * Z :</u> [<u>Exercice</u> : plonger d'une manière linéaire, symétrique et agréable, ce graphe dans le plan non-euclidien. Calculer les longueurs non-euclidiennes (de l'arête) avec lesquelles c'est possible]

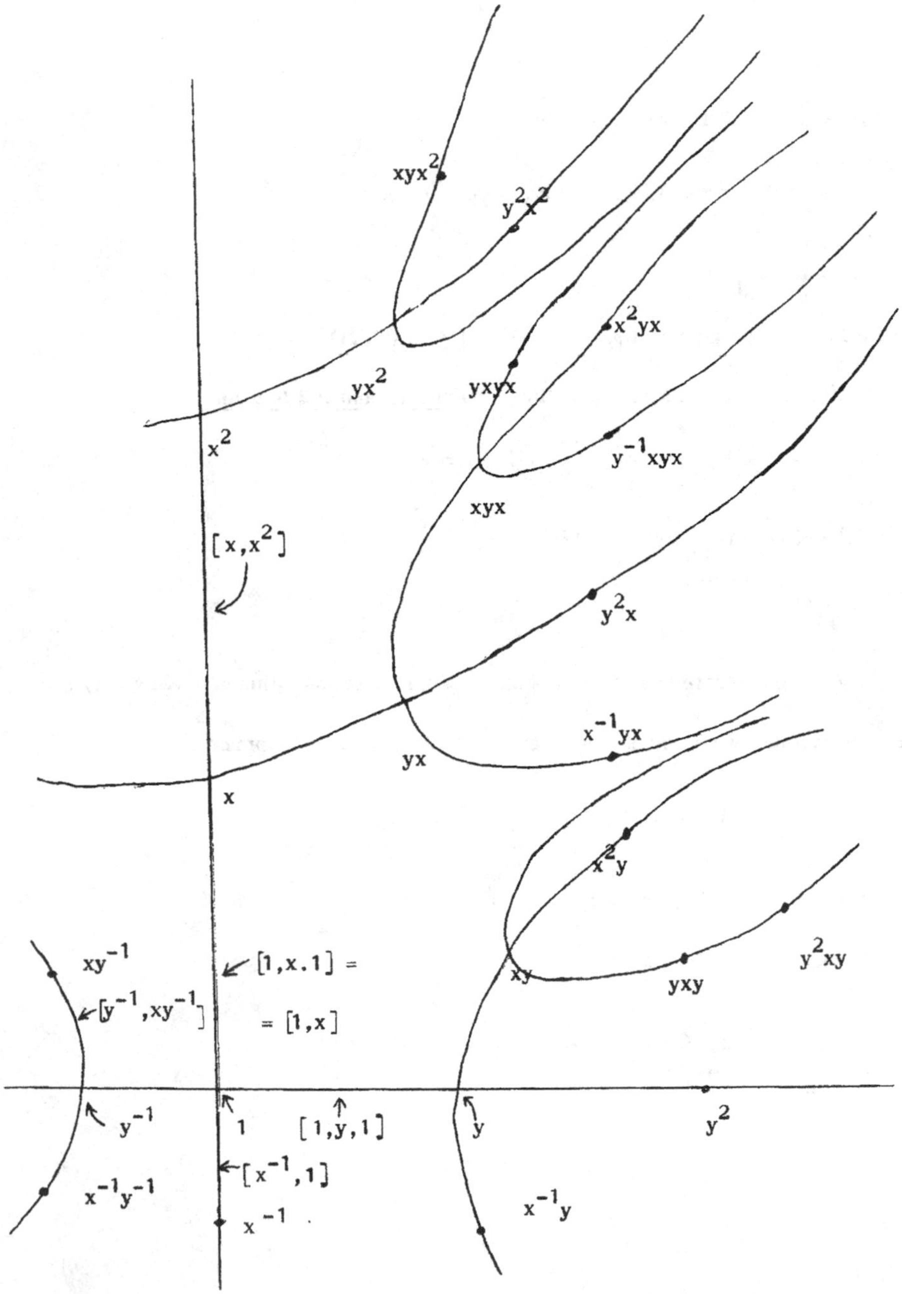

La structure bipolaire (I') sur Γ.

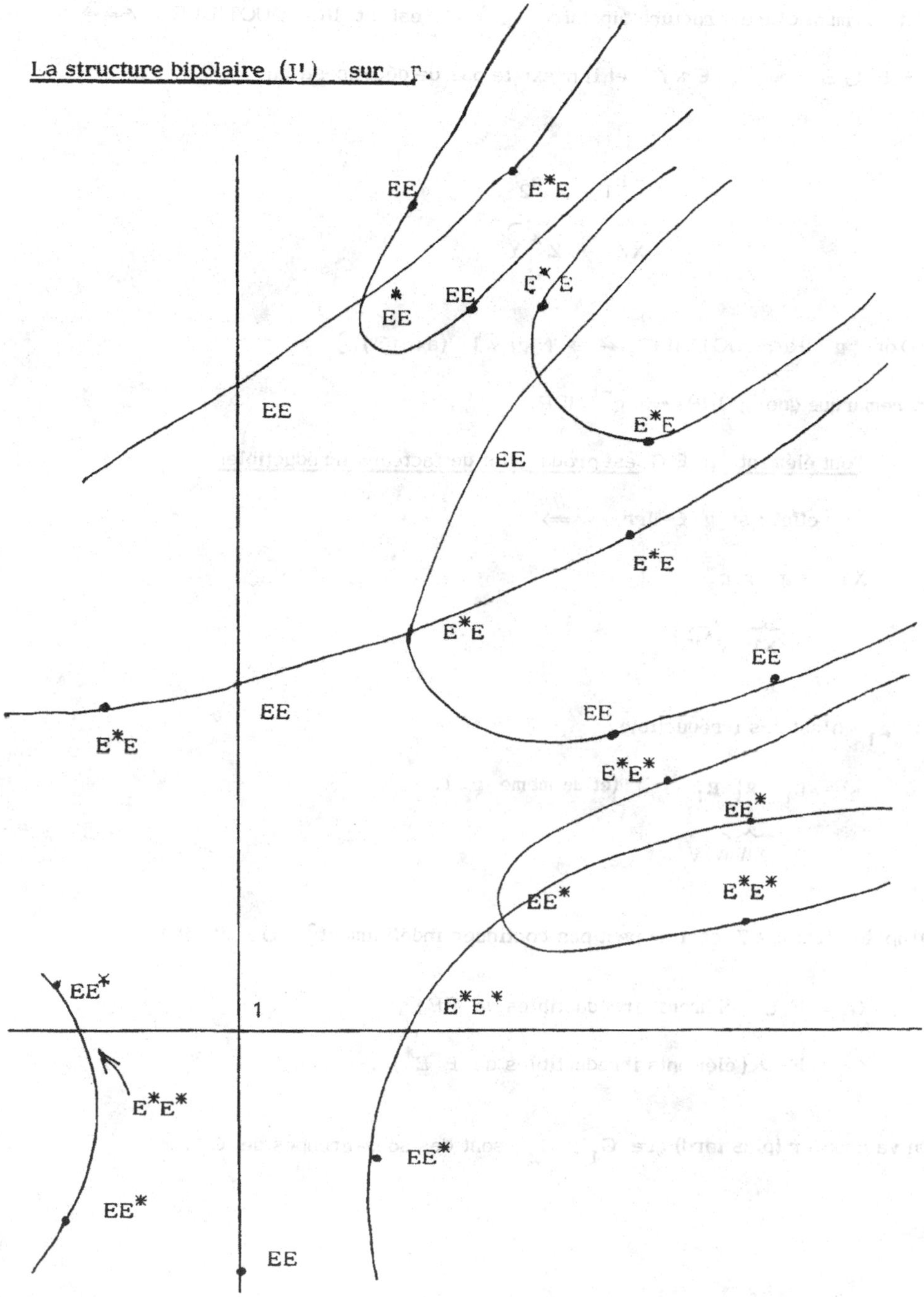

Soit G muni d'une structure bipolaire. $g \in G$ est dit IRREDUCTIBLE $\Longleftrightarrow$

$g \in F \cup S$ ou $g \in XY$ et il n'existe pas de décomposition

$$g = \underbrace{h_1}_{XZ} \quad \underbrace{h_2}_{Z^* Y} .$$

[Donc g IRREDUCTIBLE $\longleftrightarrow$ $N(g) = 1$ (ax. 7°).]

On remarque que g IRR $\Longrightarrow$ g^{-1} IRR.

Tout élément $g \in G$ est produit fini de facteurs irréductibles.

[En effet : si $g \notin$ Irr $\Longrightarrow$

$$XY \ni g = \underbrace{g_1}_{XV}\underbrace{g_2}_{V^*Y}$$

Si g_1 n'est pas irréductible.

$$g_1 = \underbrace{g_1'}_{XW}\ \underbrace{g_1}_{W^*V} \qquad \text{(et de même } g_2).$$

D'après l'axiome 7 ceci ne peut pas continuer indéfiniment] . On définit :

$G_1 = F \cup \{$éléments irréductibles de $EE\}$

$G_2 = F \cup \{$éléments irréductibles de $E^*E^*\}$.

On va prouver (plus tard) que G_1 , G_2 sont des sous-groupes de G .

THEOREME (FONDAMENTAL SUR LES STRUCTURES BIPOLAIRES).- "Soit G muni d'une structure bipolaire, comme ci-dessus.

1°. Si $S \neq \emptyset$:

$$G = \{F \cup S\} \underset{F}{*} G_1 \text{ , et } F \subset G_1 \text{ est propre.}$$

2°. Si $S = \emptyset$ et EE^* ne contient pas d'éléments irréductibles :

$$G = G_1 \underset{F}{*} G_2 \text{ , et } F \subset G_i \text{ est propre .}$$

3°. Si $S = \emptyset$ et $\exists\, t \in EE^*$, irréductible et si l'on considère :

$$\Phi : F \longrightarrow G \quad \text{défini par :}$$

$\Phi(f) = tft^{-1}$, alors : $\Phi(F) \subset G_1$.

En plus,

$$G = G_1 \underbrace{*}_{F,\Phi} \text{ . } \square"$$

Le reste du paragraphe, démontre ce théorème.

LEMME 1.- Si $g \in XY$, $p \in YZ$, p. irr. $\Longrightarrow$ $gp \in F \cup S$ ou $gp \in XW$. (On va écrire ça :

$$\underbrace{g}_{XY} \cdot \underbrace{p}_{\substack{YZ \\ \text{irr.}}} \in \left\{ \begin{array}{l} F \cup S \\ \text{ou} \\ XW \end{array} \right.) .$$

Démonstration : gp $\in$ $X^* W$ $\Longrightarrow$

$$p = \underbrace{g^{-1}}_{YX} \cdot \underbrace{gp}_{X^*W}$$ ce qui contredit p $\in$ Irr.

Lemme 2.-

$$\underbrace{p}_{\substack{ZY \\ \text{irr}}} \cdot \underbrace{g}_{YX} \in \begin{cases} F \cup S \\ \text{ou} \\ WX \end{cases}$$

Lemme 3.-

$$\underbrace{p}_{\substack{XY \\ \text{irr.}}} \cdot \underbrace{q}_{\substack{YZ \\ \text{irr.}}} \in (F \cup S \cup XZ) \cap \text{Irr.}$$

Si pq $\in F \cup S$ alors :

$$pq \in F \longleftrightarrow X = Z$$

$$pq \in S \longleftrightarrow X = Z^* \; .$$

Démonstration : On sait déjà que pq $\in F \cup S \cup XZ$.

Supposons que pq $\notin$ Irr.

$$\underbrace{p}_{X\;Y} \cdot \underbrace{q}_{Y\;Z} = \underbrace{q}_{X\;V} \cdot \underbrace{h}_{V^*Z} \Longrightarrow$$

$$\underbrace{p}_{XY} = \underbrace{g}_{XV} . \underbrace{h}_{V^*Z} . \underbrace{q^{-1}}_{Z\,Y}, \text{ irr.}$$

D'après le lemme 1, et le fait que $p \in XY$:

$$hq^{-1} \in \begin{cases} V^*Y & \Longrightarrow p \notin \text{Irr.} \quad \text{(contradiction)} \\ F \cup S . \end{cases}$$

Si $hq^{-1} \in F$: $V = Y$ (puisque $\underbrace{p}_{XY} = \underbrace{g}_{XV} \underbrace{.....}_{F}$) et :

$$\underbrace{q^{-1}}_{ZY} = \underbrace{h^{-1}}_{ZV^*} . \underbrace{(hq^{-1})}_{F} \Longrightarrow Y = V^*$$

(contradiction).

Si $hq^{-1} \in S$: $p = g\ (hq^{-1}) \Longrightarrow Y = V^*$ et

$q^{-1} = h^{-1}(hq^{-1}) \Longrightarrow Y = V$, (contradiction)

Donc : $pq \in \text{Irr}$.

Si $pq \in F$: $\underbrace{q}_{YZ} = \underbrace{p^{-1}}_{YX} \underbrace{(pq)}_{F} \Longrightarrow Z = X$

Si $pq \in S$:

$$\underbrace{q}_{YZ} = \underbrace{p^{-1}}_{YX} . \underbrace{(pq)}_{S} \Longrightarrow Z = X^*$$

Lemme 4.- $p \in Irr , \quad q \in F \cup S \Longrightarrow pq \in Irr.$

[Disons : $p \in XY \quad , q \in F$:

$$\underbrace{pq}_{XY} = \underbrace{g}_{XV} . \underbrace{h}_{V^*Y} \Longrightarrow$$

$$\Longrightarrow \quad p = \underbrace{g}_{XV} . \underbrace{hq^{-1}}_{V^*Y} \longrightarrow p \notin Irr. \qquad \text{e.a.d.s. }] .$$

Corollaire (des lemmes 3 et 4) : G_1 , G_2 sont des sous-groupes.

Lemme 5.- Soit $P = Irr. = \{g \in P \ , \ g \in Irr.\}$.

$D \subset P \times P = \{(g,g') \ , \ g,g' \in Irr \ , \ g.g' \in Irr.\}$.

Ceci est un prégroupe.

Démonstration : Il faut vérifier les axiomes 1° et 5° des prégroupes. 1°, 2°,3°, 4° sont évidentes, puisqu'on est déjà dans un groupe.

Axiome 5°. $a,b,c,d, \ ab, bc, cd, \in Irr.$

$$\Longrightarrow \quad abc \quad \text{ou } bcd \in Irr.$$

Démonstration : Je dis que

$$abc \in \begin{cases} Irr \\ \text{ou} \\ b \in F \cup S \end{cases}$$

[b $\in XY \Rightarrow$

$$\underbrace{a}_{\text{irr.}} \;.\; \underbrace{b}_{XY} \in \begin{cases} F \cup S & \Rightarrow \text{abc} \in \text{Irr.} \\ & \text{ou} \\ ZY & \text{, et par hypothèse irr.} \Rightarrow \end{cases}$$

Comme bc $\in$ Irr. $\Rightarrow$ $c \notin Y^*V \Rightarrow \begin{cases} c \in F \cup S \\ c \in YV \end{cases}$

$$\Longrightarrow \quad \underset{\text{irr}}{\underbrace{ab}_{ZY}} \;.\; \underset{\text{irr.}}{\underbrace{c}_{F \cup S \text{, ou } YV}} \quad \Rightarrow \quad abc \in \text{Irr.} \;] \;.$$

Si b $\in F \cup S$ $\Rightarrow$ bcd $\in$ Irr (puisque cd $\in$ Irr).

Lemme 6.- $\boxed{G = U(P)}$

Démonstration : C'est une conséquence immédiate des trois remarques suivantes :

① Si $n > 1$, le mot $(p_1, \dots, p_n)$ est réduit $\Longleftrightarrow$

$\exists\; X_o, X_1, \dots, X_n \in \{E, E^*\}$ t.q.

$p_i \in X^*_{i-1} X_i$ (ceci est immédiat).

② Soient $(p_1, \dots, p_n)$, $(q_1, \dots, q_n)$ deux mots réduits tels que

$\exists\; c_i \in G$:

$$(q_1, \dots, q_n) = (p_1 c_1 , c_1^{-1} p_2 c_2^{-1} , \dots)$$

$\Longrightarrow$ $p_1 \dots p_n = q_1 \dots q_n$ (dans G).

(3) Soient $(p_1, \dots, p_n)$, $(q_1, \dots, q_m)$ deux mots réduits t.q.

$$p_1 \dots p_n = q_1 \dots q_m \quad \text{(dans G)}$$

$\Longrightarrow$ $n = m$ et on a: $\exists (c_1, \dots, c_{n-1}) \in F \cup S$, t.q.

$$(q_1, \dots, q_n) = (p_1 c_1 , c_1^{-1} p_2 c_2 , c_2^{-1} c_3 , \dots, c_{n-1} p_n)$$

[On peut supposer $n \leq m$ et faire l'induction sur n . Pour $n = 1$: $m = 1$ puisque p_1 est irr., e.a.d.s.

Disons $n \geqslant 2$

$$p_1 \dots \underbrace{p_n}_{UY} = q_1 \dots \underbrace{q_m}_{VY} = g \in XY$$

(on remarque que si $g' = p_1 \dots p_k$ est un mot réduit

$$p_i \in X_{i-1}^* X_i \Longrightarrow g' \in X_o^* X_k) .$$

$$\underbrace{p_1 \dots p_{n-1}}_{WU^*} = q_1 \dots \underbrace{q_{m-1}}_{\dots V^*} \underbrace{(q_m p_n^{-1})}_{VU,\ \text{irr. ou } F \cup S} .$$

Puisqu'on suppose le théorème vrai pour $n - 1$:

$$n = m \quad \text{et} \quad q_m p_n^{-1} \in F \cup S ,$$

et

$$(q_1, \dots, q_{n-1} (q_n p_n^{-1})) = (p_1 c_1 , c_1^{-1} p_2 c_2 , \dots, c_{n-2} p_{n-1}) \Longrightarrow$$

$$\Longrightarrow (q_1, \ldots, q_{n-1}, q_n) = (p_1c_1, c_1^{-1}p_2c_2, \ldots, c_{n-2}p_{n-1} \underbrace{(p_nq_n^{-1})}_{F \cup S}, (q_np_n^{-1})p_n)]$$

Démonstration du Théorème :

1° Disons que $s \in S$. Je dis que

$$sG_1 \subset S \cup E^* E \qquad \text{(trivial)} .$$

De même :

$$\mathrm{Irr} \cap E^*E = sG_1 \cap E^* E$$

[Puisque Indice $[F : F \cup S] = 2$:

$$s^{-1} = sf = f's \quad (f, f' \in F).$$

Si $g \in E^*E \cap \mathrm{Irr}. \Longrightarrow sg \in G_1 \Longrightarrow g \in s^{-1}G_1 = sfG_1 = sG_1 \Longrightarrow$ $g \in sG_1 \cap E^*E$. La réciproque est évidente]. D'une manière plus précise les éléments irréductibles sont exactement :

$$G_1 \subset F \cup EE, \qquad sG_1 \subset S \cup E^*E$$

$$G_1s \subset S \cup EE^*, \qquad sG_1s = G_2 \subset F \cup E^*E^* .$$

Donc $P = G_1 \cup sG_1 \cup G_1s \cup sG_1s = \{xyx' \ ; x, x' \in F \cup S, y \in G_1\}$.

(et $D \ni (x_1, x_2) \longleftrightarrow x_1x_2 \in P$).

On a déjà vu (exemple V, par.1) que

$$U(P) = \{F \cup S\} \underset{F}{*} G_1 ,$$

et d'après le lemme 6 : $U(P) = G$ lui-même.

$EE^* \neq \emptyset$ (axiome 8°) $\Longrightarrow F \neq G_1$,(car, si $F = G$ $\Longrightarrow$

$U(P) = G = \{F \cup S\} \underset{F}{*} = F = F \cup S \Longrightarrow EE = E^*E = EE^* = E^*E^* = \emptyset$).

2°. ($S = \emptyset$, $Irr \cap EE^* = \emptyset$). Donc $Irr \cap E^*E = \emptyset$ et

$P = G_1 \cup G_2$; on est dans la situation de l'exemple ("canonique") II, par. 1.

($(x,y) \in D$ $x,y \in G_i$) . F est propre pour la même raison qu'avant.

(Disons, par exemple, que $F = G_2$.

Alors :

$$U(P) = G = G_1 \underset{F}{*} F = G_1 = EE \cup F \Longrightarrow EE^* = \emptyset \ \ldots) .$$

3°. ($S = \emptyset$, $\exists\, t \in Irr \cap EE^*$).

$$f \in F \Longrightarrow tf \in Irr \cap EE^* \Longrightarrow$$

$$\Longrightarrow \underbrace{tf}_{\substack{EE^* \\ irr}} \cdot \underbrace{t^{-1}}_{\substack{E^*E \\ irr}} \in \begin{cases} F \\ \text{ou} \\ EE, \text{ irr.} \end{cases}$$

$$\Longrightarrow tft^{-1} \in G_1 \quad (\phi(F) \subset G_1) .$$

D'autre part, les éléments irr. sont :

$$G_1 \subset F \cup EE \quad , t^{-1}G_1 \subset E^*E$$

$$G_1 t \subset EE^* \quad , t^{-1}G_1 t = G_2 \subset F \cup E^*E^* .$$

[Montrons, par exemple que,

$$t^{-1}G_1 = Irr \cap E^*E .$$

$$\underbrace{t^{-1}}_{\substack{E^*E\\ \text{irr}}} \quad . \quad \underbrace{g}_{\substack{EE\\ \text{irr}}} \quad \in \quad E^*E \cap \text{Irr}$$ (d'après le lemme 3, puisque $S = \emptyset$ $(E^* \neq E)$).

$$\underbrace{t}_{\substack{EE^*\\ \text{irr}}} \; . \; \underbrace{g'}_{\substack{E^*E\\ \text{irr}}} \quad \in (F \cup EE) \cap \text{Irr} = G_1 \ldots]$$

Les quatre ensembles sont (2 à 2) disjoints, <u>sauf que</u> :

$$G_1 \cap t^{-1}G_1t = F = t^{-1}\,\Phi\,(F)t = (\Phi^{-1}\,\Phi F)\ .$$

Donc :

Irr = P = {la réunion disjointe des G_1 , $t^{-1}G_1$, $G_1\, t$, $t^{-1}G_1t\}/(\forall f \in F \subset G_1$ est identifié à $f = t^{-1}\underbrace{(tft^{-1})}_{\in G_1}t = t^{-1}\Phi(f)t \in F \subset t^{-1}G_1t)$. On a :

$D \ni (x,y) \longrightarrow xy \in P$ (xy irr.)

$\Longrightarrow$ (clairement), de toute façon :

$D \supset (G_1,G_1)$, $(t^{-1}G_1,G_1)$, $(G_1,G_1\, t)$,

$(G_1t,\, t^{-1}G_1)$, $(G_1t,\, t^{-1}G_1t)$,$(t^{-1}G_1t,\, t^{-1}G_1)$,

$(t^{-1}G_1,\, G_1t)$, $(t^{-1}G_1t$, $t^{-1}G_1t)$.

Quant aux "mauvais cas", qui restent :

(x) $\quad \underbrace{(t^{\varepsilon} g)}_{(\varepsilon = 0,-1)} \underbrace{(t^{-1} g' t^{\eta})}_{(\eta = 0,1)}$

(xx) $\quad (t^{\varepsilon} gt)(g' t^{\eta})$,

on obtient encore un élément <u>irréductible</u> ($\leftrightarrow$ on est dans D) si et seulement si :

(x) , $\varepsilon = 0$, $g \in F$

(x) , $\eta = 1$, $g' \in \Phi(F)$

(xx) , $\eta = 0$, $g' \in F$

(xx) , $\varepsilon = 1$, $g \in \Phi(F)$

[En effet, disons, par exemple, qu'on est dans le cas (x) . Si $\varepsilon = 0$, $g \in F$ ou $\eta = 1$, $g' \in \Phi(F)$, les relations :

$$ft^{-1} = t^{-1} \Phi(f) \quad (tf = \Phi(f)t)$$

montrent que le produit est irréductible :

$$f.\, t^{-1} g' t^{\eta} = \underbrace{t^{-1}}_{\substack{E^*E \\ \text{irr}}} \underbrace{fg'}_{\substack{EE \\ \text{irr}}} \underbrace{t^{\eta}}_{\substack{F, \text{ou } EE^* \\ \text{irr}}} \in \text{Irr}\ldots,$$

Si $g \in EE \cap \text{Irr}$, quel que soit $\epsilon = 0,-1$, on a : $t^{\varepsilon} g \in Y E \cap \text{Irr}$.

$$t^{-1} g' t^{\eta} \in \begin{cases} E^*X & \Longrightarrow \text{le produit (x) est non-irréductible} \\ F & \Longrightarrow \text{le produit (x) est irréductible.} \end{cases}$$

Mais $t^{-1} g' t^{\eta} \in F \Longleftrightarrow \eta = 1$, $g' \in \Phi(F)$.

Si $\varepsilon = -1$, $g = f \in F$: $t^{\varepsilon} g = t^{-1} f \in E^*E \cap \text{Irr}$.

Donc, comme avant $(x) \in \mathrm{Irr} \leftrightarrow t^{-1}g't^{\eta} \in F, \ldots]$

On est donc exactement dans le cas de l'exemple III, par. 1, et:

$$G = G_1 \underset{F\ ,\ \Phi}{\underbrace{\ast}}$$

<u>Remarque</u> : On peut bien avoir $F = G_1$ dans le cas 3° qu'on vient de considérer.

CHAPITRE IV

CALCUL DE L'ALGEBRE $\mathcal{E}(G)$: LE THEOREME DE STALLINGS SUR LES GROUPES A DEUX BOUTS

1. Quelques résultats généraux sur $\mathcal{E}(G) = Q(G)/F(G)$: (ce paragraphe n'utilise pas l'hypothèse que G est de type fini).

Théorème 1.- "Si $N \subset G$ est un sous-groupe invariant, fini :

$$\mathcal{E}(G) = \mathcal{E}(G/N) \quad ."$$

Démonstration : On considère :

$$G \xrightarrow{\ \Phi\ } G/N$$

$$\mathcal{P}(G) = A(G) \xleftarrow{\ \Phi^{-1} = \varphi\ } A(G/N) = \mathcal{P}(G/N) \quad .$$

$\varphi = \Phi^{-1}$ fonctionne à tous les niveaux : $F, Q, \mathcal{E}$; car si $A \subset A(G/N)$:

$$\vee_g(\varphi A) = \varphi \triangledown_{\Phi g} A$$

[$g\,\Phi^{-1}A = \Phi^{-1}(\Phi(g)A)$ et ensuite on applique le fait que Φ^{-1} est un homo. pour toutes les structures booléennes : $\cup$, $\cap$, complémentaire, $+$]

Remarque : L'application naturelle

$$\Phi : A(G) \longrightarrow A(G/N)$$

n'est pas un homomorphisme d'algèbres de Boole, ce qui explique la démarche qui suit (Exemple : $B_1 \subsetneqq B_2 \subset Na \Rightarrow \Phi(B_1 + B_2) = \Phi(a)$, $\Phi(B_1) + \Phi(B_2) = 0$).

Soit $1 \in H$ un système de représentants de G/N . On définit

$$s : A(G) \longrightarrow A(G/N)$$

par $(B \subset G)$: $s(B) = \Phi(B \cap H)$.

Ceci est un homomorphisme d'algèbres de Boole, opérant à tous les niveaux : $A, Q, F, \mathfrak{E}$.

s est un bien un homomorphisme d'algèbres car :

$s(A+B) = \{h \in H \approx G/N$, t.q. $h \in A - B$ ou $h \in B - A\} = s(A) + s(B)$, e.a.d.s.

Il faut vérifier encore , que :

$\forall g,\ \nabla_g B \in F(G) \Rightarrow \forall h \in G/N$, on a , $\nabla_h(\Phi(B \cap H)) \in F(G/H)$.

Pour $B \in A(G)$ soit
$$B' = \Phi^{-1}(\Phi(B)).$$

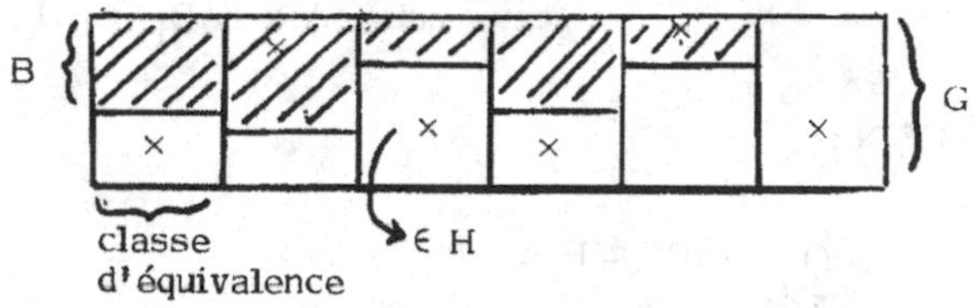

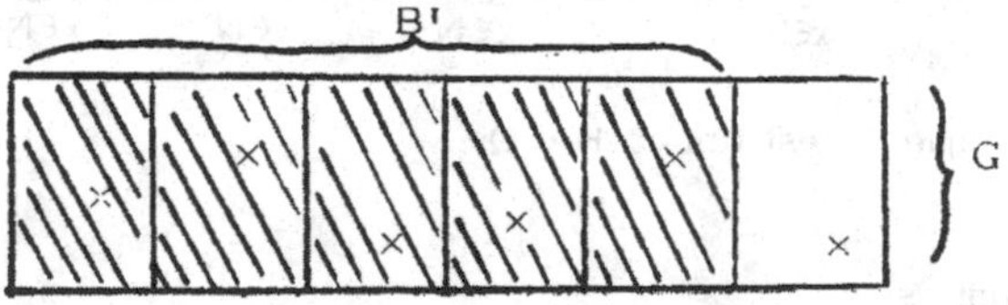

Je dis que, si $B \in Q(G)$ $(\Leftrightarrow \forall g,\ \nabla_g B \in F(G)) \Rightarrow B + B' \in F(G)$ (c'est-à-dire que B et B' sont égaux, modulo des sous- ensembles finis) $\Longrightarrow$

Tout élément de $\mathfrak{E}(G)$ est représentable par un $B' = \Phi^{-1}(\Phi(B'))$.

Démonstration : On remarque d'abord l'identité générale (dans les alg. de Boole)

$$\bigcup_1^k (A + B_i) = (A \cup (\bigcup_i^k B_i)) - A \cap (\bigcap_1^k B_i)) .$$

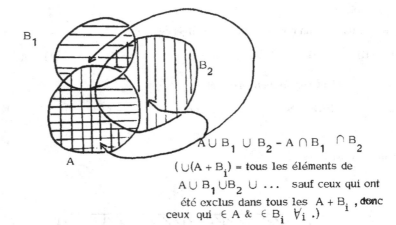

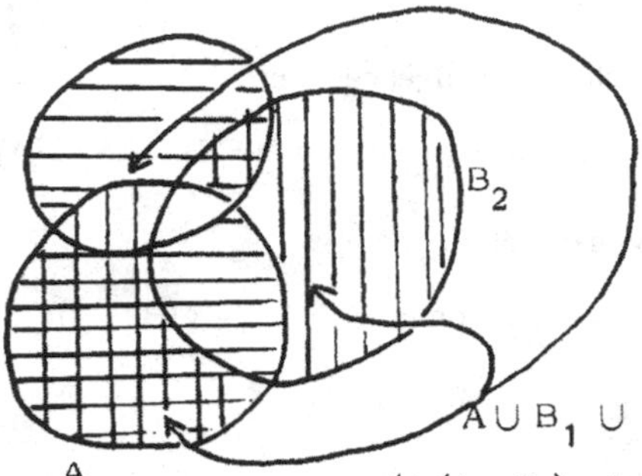

($\bigcup(A + B_i)$ = tous les éléments de $A \cup B_1 \cup B_2 \cup \ldots$ sauf ceux qui ont été exclus dans tous les $A + B_i$, donc ceux qui $\in A$ & $\in B_i$ $\forall i$.)

D'autre part, vu que $1 \in N$:

$$\bigcap_{x \in N} \{xB\} \subset B .$$

Alors :

$$B' + B = \Phi^{-1}\Phi B - B = \bigcup_{x \in N} \{xB\} - B \subset \bigcup_{x \in N} \{xB\} - \bigcap_{x \in N} \{xB\} = \bigcup_{x \in N-1} \{B + xB\} =$$

$$= \bigcup_{x \in N} \nabla_x B = \text{fini, puisque } N \text{ est fini et } B \in Q .$$

Maintenant, si

$$B = B' \in Q(G)$$

on a :

$$\forall h \in G/N : \nabla_h \Phi(B' \cap H) = \nabla_h s(B') \in F(G/N) .$$

Ceci résulte de la remarque plus générale suivante : Si $B_1 = B'_1$, $B_2 = B'_2 \in A(G)$, alors : $B'_1 - B'_2 = \text{fini} \longleftrightarrow s(B'_1) - s(B'_2) = \text{fini}$.]

Pour finir la démonstration, on remarque que :

$$A(G/N) \ni \underbrace{A \longrightarrow \Phi^{-1}(A) \longrightarrow \Phi(H \cap \Phi^{-1}(A))}_{\mathrm{id}}$$

$$\underbrace{B' \longrightarrow \Phi(B' \cap H) \longrightarrow \Phi^{-1}(\Phi(B' \cap H))}_{\mathrm{id}} .$$

<u>Remarque</u> : Supposons que X est compact, $\pi_1 X = G$, et X_N = le revêt. correspondant à $N \subset G$. On a un diagramme commutatif de revêtements galoisiens :

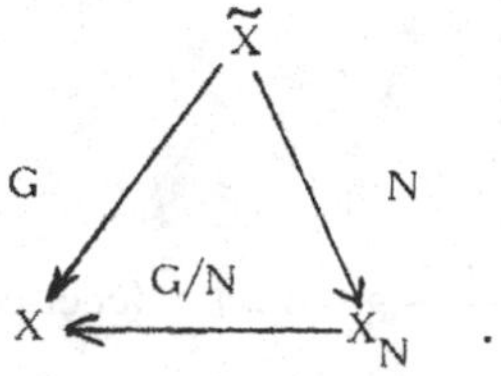

Le théorème 1 implique que $b\widetilde{X} = bX_N$. (mais en général c'est <u>faux</u>, que pour un revêtement (galoisien) fini $P \longrightarrow Q$, $bP = bQ$).

<u>Exercice</u> : Démontrer géométriquement que $b\widetilde{X} = bX_N$. Donner un contre-exemple pour l'assertion ci-dessus.

<u>Théorème 2</u>.- $H \subset G$, Index $[H : G] < \infty$

$$\Longrightarrow \quad \mathcal{E}(G) = \mathcal{E}(H) .$$

Démonstration : On commence par <u>supposer que H est un sous-groupe invariant</u>. Soit

$$(1 = g_1 , g_2 , \ldots , g_k)$$

un système de représentants de G mod H .

On définit les <u>applications</u> :

$$\begin{array}{ccc} A(G) & \xrightarrow{f} & A(H) \\ \cup & & \cup \\ A & \longrightarrow & A \cap H \end{array}$$

(celle-ci est clairement un <u>homomorphisme</u> et opère à tous les niveaux $A, Q, F, \mathcal{E}$).

$$\begin{array}{ccc} A(G) & \xrightarrow{s} & A(H) \\ \cup & & \cup \\ \bigcup_1^k g_i B = \sum_1^k g_i B & \longleftarrow & B \end{array} .$$

s a les propriétés suivantes :

1) $B \xrightarrow{s} sB \xrightarrow{f} fsB = B$ (ceci résulte de $g_1 = 1$).

2) $B \in Q(H) \Rightarrow sB \subset Q(G)$

(On a :

$$s\, F(H) \subset F(G) .$$

D'autre part, s est un homomorphisme, car :

$s(B' + B'') = \Sigma\, g_i(B' + B'') =$

$= \Sigma\, (g_i B' + g_i B'') = \Sigma\, g_i B' + \Sigma\, g_i B'' = s(B') + s(B'')$

$s(B' \cap B'') = \Sigma g_i(B' \cap B'') = \Sigma\, g_i B' \cap g_i B'' =$

(vu que $g_i B \cap g_j B = \emptyset$) $= (\Sigma\, g_i B') \cap (\Sigma\, g_i B'') = s(B') \cap s(B'')$.

Donc, s opère au niveau $\mathcal{E}$:

$$\mathcal{E}(G) \xleftarrow{\ s\ } \mathcal{E}(H)) .$$

Démonstration : Vu que H est invariant, si $g \in G$, $\exists\ \tau$ = permutation des $(1,\dots,k)$, $h_i \in H$ t.q. :

$$gg_i = g_{\tau(i)} h_i$$

(τ est la permutation des classes G mod H induite par multiplication à gauche avec g). On a :

$$\nabla_g(sB) = \nabla_g(g_1B + \dots + g_kB) =$$

$$= \sum_1^k (g_iB + gg_iB) = \sum_1^k (g_iB + g_{\tau(i)} h_iB) =$$

$$= \sum_1^k (g_{\tau(i)} B + g_{\tau(i)} h_iB) = \sum_1^k g_{\tau(i)} \nabla_{h_i} B .$$

3) Si $A \in Q(G) \implies sfA + A \in F(G)$

(donc, au niveau $\mathcal{E}$, s est l'inverse de f).

$$sfA + A = s(A \cap H) + A =$$

$$= \sum_1^n g_i(A \cap H) + A \cap \underbrace{\sum_1^n g_i H}_{A} =$$

$$= \sum_1^n (g_i(A \cap H) + A \cap g_iH) =$$

$$= \sum_{1}^{n} (A + g_i A) \cap g_i H -$$

$$= \sum_{1}^{n} \underbrace{(\nabla_{g_i} A)}_{\text{fini}} \cap g_i H .$$

Ceci prouve le théorème sous l'hypothèse que H est invariant.

Si H est quelconque, soit

$$K = \bigcap_{g \in G} gHg^{-1}$$

K est clairement invariant, (donc, aussi, invariant dans $H \supset K$) mais aussi d'indice <u>fini</u>. [On prend $g_1, \ldots, g_k \in G$ t.q. c'est un système G modH (à gauche $\Longleftrightarrow$ $\forall g = g_i h$). Alors :

$$K = \bigcap_{1}^{k} g_i H g_i^{-1} .$$

On prend les classes mod $g_1 H g_1^{-1}$; il y en a $[H : G]$. On divise chacune mod $g_2 H g_2^{-1}$ ($[g_2 H g_2^{-1} : G] = [H : G]$). Chacune se divise en au plus $[H : G]$ nouvelles classes... Après k pas on a trouvé les classes de G mod K].

On peut donc appliquer le cas précédant à :

$$\underbrace{K \subset H}_{\substack{\text{invariant} \\ \text{d'indice fini}}} , \quad \underbrace{K \subset G}_{\substack{\text{invariant} \\ \text{d'indice fini}}} , \text{ c.a.d.s.}$$

<u>Remarque</u> : X est compact, $\pi_1 X = G$, X_H = <u>compact</u>, et on a deux revêtements

universels

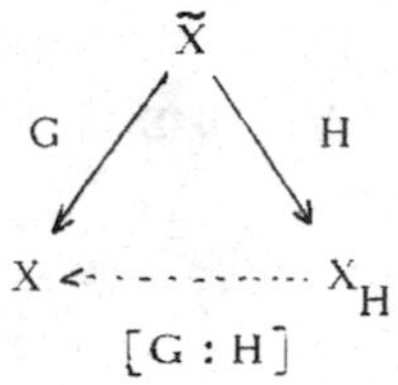

On a : $b(\tilde{X}) = b(G) = b(H)$.(démonstration topologique du théorème 2, pour les groupes de prés. finie).

Théorème 3.- $G \supset H$, H invariant de type fini, Index $[G : H] = \infty \Longrightarrow \mathcal{E}(G) = Z_2$ $(bG = 1)$.

Démonstration : Pour que $\mathcal{E}(G)$ = l'algèbre de Boole à 2 éléments $(O, 1)$ $\longleftrightarrow$ $\forall\ A \in Q(G)$ soit équivalent à $G - 1$ ou a $O - \phi$:

$$A + G \in F(G) \longleftrightarrow A^* \text{ fini}.$$

$$A + O \in F(G) \longleftrightarrow A \text{ fini}.$$

Soit $\{h_1, \ldots, h_n\}$ un système de générateurs de H et $S \subset G$ un système de générateurs représentants de $G/H (\sim S)$.
Pour $s \in S$, $A \in Q(G)$ on définit.

$$A_s = A \cap Hs\ .\ (\{A_s\} \text{ est une partition (\underline{disjointe}) de } A).$$

$$\underbrace{\nabla_{h_i}}_{\text{fini}} A = \bigcup_{s \in S} \underbrace{\nabla_{h_i}(A_s)}_{\text{dans } Hs} \Longrightarrow$$

$\exists\ S'_i \subset S$, $S - S'_i$ = fini, t.q., si $s' \in S'_i$:

$$\nabla_{h_i}(A_{s'}) = \phi\ .$$

Si $\Sigma = \bigcap_{1}^{n} S'_i \subset S$, on a :

a) $S - \Sigma$ = fini .

b) $\nabla_{h_i}(A_\sigma) = \emptyset$, $\forall h_i$, $\forall \sigma \in \Sigma$.

Puisque $\nabla_g(Ah) = (\nabla_g A)\ h$:

$$\nabla_{h_i}(\underbrace{A_\sigma \sigma^{-1}}_{\text{dans } H}) = \emptyset$$

$\Longrightarrow$ $\forall h \in H : \nabla_h(A_\sigma \sigma^{-1}) = \emptyset$

$\Longrightarrow$ $\underbrace{A_\sigma \sigma^{-1} = H}$ ou $\emptyset$ $\Longrightarrow$

$\forall \sigma (\in \Sigma)$
$A_\sigma = H\sigma$ ou $A_\sigma = \emptyset$.

donc : $A_\sigma = H\sigma$

Soient $s_o, s_1 \in S$. Disons que $A_{s_o} = \emptyset$, A_{s_1} = infini. Alors :

$$\nabla_{s_1 s_o^{-1}} A = A + s_1 s_o^{-1} A$$

$\underbrace{(A + s_1 s_o^{-1} A) \cap (s_1 H)} = A_{s_1}$ = infini ! (contradiction avec $A \in Q(G)$)

$$= A_{s_1} + \underbrace{(s_1 s_o^{-1} A) \cap s_1 H}_{s_1 (\underbrace{s_o^{-1} A \cap H}_{s_o^{-1}(\underbrace{A \cap s_o H}_{\emptyset})})} .$$

Donc : ou bien $\forall \sigma \in \Sigma$: $A_\sigma = \phi$

ou bien $\forall \sigma \in \Sigma$: $A_\sigma = H$

$\Longrightarrow$ Si $A_\sigma = \phi \Longrightarrow A_{\sigma'} = \phi \ \forall \sigma' \subset \Sigma$ et

A_s = fini si $s \in S - \Sigma \Longrightarrow A$ = fini

$\Longrightarrow$ Si $A_\sigma = H\sigma$ on fait le même raisonnement avec A^* qui sera fini.

<u>Exercice</u> : Considérons l'injection naturelle :

$$Z_{n^p} \longrightarrow Z_{n^{p+1}}$$

e t

$$Z_{n^\infty} = \lim_{\rightarrow} Z_{n^p} .$$

a) Z_{n^∞} n'est pas de type fini.

b) $bZ_{n^\infty} = \infty$ (Spec $\mathcal{E}(Z_{n^\infty})$ est infini).

c) Z_{n^∞} n'entre pas dans les deux formes indiquées pour les grands théorèmes de Stallings pour un groupe (<u>de type fini</u>) à une ∞ de bouts.

2. <u>Un lemme important ; groupes à 2 bouts.</u>

<u>Lemme fondamental 4</u>." Soit G de <u>type fini</u>, $A \in \mathcal{E}(G)$ non trivial $(A \neq 0, 1)$ t.q. $\exists$ une <u>infinité</u> de $g \in G$ t.q. $Ag = A \Longrightarrow bG = 2$. "

Démonstration : Donc $A \in Q(G)$, A et A^* sont infinis, et pour une infinité de g:

$$A + Ag = \text{fini}.$$

Donc : $\partial A \subset \Gamma$ est un sous-graphe fini (C'est ici que le fait que G est de type fini est utilisé). On peut trouver un sous-graphe fini et connexe Δ :

$$\Gamma \supset \Delta \supset \partial A .$$

Soit : Γ_A = le graphe qui consiste de Δ, A, et toutes les arrêtes dont les sommets sont dans $\Delta \cup A$.

a) Γ_A est connexe. [A lui-même (ou un sous-complexe de dim. O) est dit connexe si $\forall$ p,q $\in$ A peuvent être joints par un chemin de 1- simplexes ayant tous leurs sommets dans A . $A = \cup A_i$ (composantes connexes). Toutes les A_i, avec $\partial A_i \neq \phi$ sont connectées par Δ (car $\partial A = \cup \partial A_i = \Sigma \partial A_i$). Donc Γ_A non-connexe $\longrightarrow \exists A_{i_o}$, $\partial A_{i_o} = \phi$ (mais puisque Γ est connexe $\Rightarrow A_{i_o} = G$ ou ϕ)] .

b) Il n'y a qu'une nombre fini de $g \in G$, t.q.

$$\Delta \cap \Delta g \neq \phi.$$

(à comparer au fait que dans un revêtement (galoisien) $\widetilde{X} \to X$, un compact $K \subset \widetilde{X}$ ne coupe qu'un nombre fini de ses translatés...).

[G agit librement sur Γ. Soit m le nombre de sommets de Δ. Soit $N \geq m(m+1)$ et $g_1, \dots, g_N \in G$ ($g_i \neq g_j$) t.q.

$$G \ni x_i \in \Delta \cap \Delta g_i \neq \phi .$$

Le "mot" $(x_1, \dots, x_{m(m+1)})$ est écrit avec seulement m lettres $\longrightarrow$ au moins une apparait $(m+1)$ fois : $x_{i_1} = \dots = x_{i_{m+1}} = x$. On a :

$$y_1, \dots, y_{m+1} \in \Delta \cap G \quad \text{t.q. :}$$

$$x = g_{i_j} y_j .$$

Le mot $(y_1, \dots, y_{m+1})$ est écrit avec m lettres. Donc l'une au moins apparait 2 fois :

$$y_1 = y_2 \quad (\text{disons})$$

$\Longrightarrow$ $g_{i_1} y_1 = g_{i_2} y_1$ ce qui contredit l'action <u>libre</u> de G sur Γ].

$\Rightarrow$ c) $\exists\ g \in G$ t.q.

c-i)	$A + Ag$ = fini
c-ii)	$\Delta \cap \Delta g = \emptyset$.

d) Dans les conditions de c)

$A - Ag = \emptyset$ ou $Ag - A = \emptyset$.

[Puisque A , A^* infinis , et $A + Ag$ = fini

$\Longrightarrow$ $A \cap Ag$ et $A^* \cap A^* g$ sont infinis (donc $\neq \emptyset$)

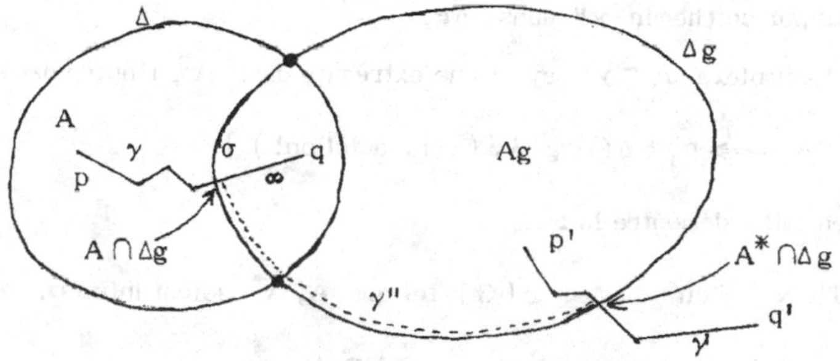

(Dans ce dessin $\Delta g \cap \Delta \neq \emptyset$ et " géométriquement " on ne peut pas faire autrement si $A \cap Ag \neq \emptyset \neq A^* \cap A^* g$ et $A - Ag \neq \emptyset \neq Ag - A$; ceci est la raison " heuristique" de notre affirmation) .

Si $p \in A - Ag \neq \emptyset$, on peut joindre p avec $q \in A \cap Ag$ par un chemin γ de Γ_A

Puisque $p \notin Ag$, $q \in Ag$,

$\exists$ un 1- simplexe de γ: $\sigma \subset \gamma$ t.q.

$\sigma \in \partial Ag \subset \Delta g$.

$$A_g^* \longrightarrow_{\sigma} A_g$$

Comme d'autre part : les sommets de σ sont dans $A \cup \Delta$ et $\Delta \cap \Delta g = \emptyset$

$\Longrightarrow$ les sommets de σ sont dans $A \cap \Delta g$ (qui est donc $\neq \emptyset$)

Si $Ag - A \neq \emptyset$, on aurait $p' \in Ag - A = A^* \cap Ag$ avec $q' \in A^* \cap A_g^*$ par un chemin γ' dans $\bar{\Gamma}_{A^*}$ = le sousgraphe $\Delta \cup A^* \cup$ tous les 1-simplexes avec les sommets dans $\Delta \cup A^*$.

Le même raisonnement que tout-à-l'heure montre que $A^* \cap \Delta g \neq \emptyset$.

(en fait : $A^* \cap \partial Ag \neq \emptyset$).

Puisque Δg est <u>connexe</u> :

$$a_1 \in A \cap \Delta g \quad \text{et} \quad a_2 \in A^* \cap \Delta g$$

peuvent être unis par un chemin γ'' dans Δg.

Il existe un 1-simplexe $\sigma_1 \subset \gamma''$ ayant une extrémité dans A, l'autre dans A^*

$\Longrightarrow \sigma_1 \in \partial A \subset \Delta \Longrightarrow \sigma_1 \in \Delta \cap \Delta g \neq \emptyset$ (contradiction!)].

On a, en fait, démontré la :

PROPOSITION : Soit $A \in Q(G)$ tel que A, A^* soient infinis, $\Delta \subset \Gamma$ un sousgraphe connexe et fini, t.q. $\partial A \subset \Delta$.

Si $g \in G$ est tel que

$$\Delta g \cap \Delta = \emptyset$$

$\Longrightarrow$ l'un au moins des ensembles

$Ag \cap A$, $A_g^* \cap A$, $Ag \cap A^*$, $A_g^* \cap A^*$

est <u>vide</u>.

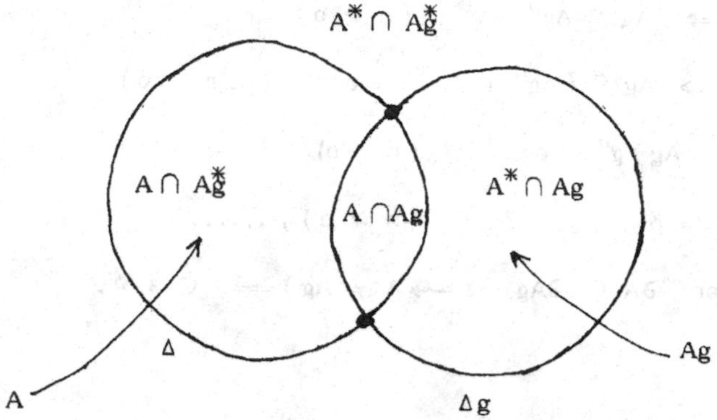

[On commence par supposer $A \cap Ag \neq \emptyset \neq A^* \cap Ag^*$, et puis on procède comme ci-dessus pour montrer que

$$A \cap Ag^* = A - Ag = \emptyset \text{, ou}$$

$$A^* \cap Ag = Ag - A = \emptyset \quad].$$

e) $\exists \; g \in G$ t.q.:

e-i) $\boxed{A \subset Ag}$.

e-ii) $\Delta \cap \Delta g = \emptyset$ ($\Longrightarrow \partial A \cap \partial Ag = \emptyset$).

e-iii) $Ag - A$ = fini .

[Si $A - Ag = \emptyset$ on a fini ; si $Ag - A = \emptyset$, g^{-1} peut jouer le rôle de g].

f) Soit $B = Ag - A = Ag + A$ (puisque $Ag + A = (Ag - A) \cup \underbrace{(A - Ag)}_{\emptyset}$), et

$$C = \bigcup_{-\infty}^{\infty} Bg^n \in A(G).$$

Alors : i) $Bg^r \cap Bg^s = \emptyset$ $(r \neq s)$ ($\Longrightarrow$ donc g est d'ordre ∞)

ii) $C = G$.

[i) $A \subset Ag \Longrightarrow A + Ag \subset Ag$ (donc $B \subset Ag$)

$$\Longrightarrow Ag \subset Ag^n \qquad (n > o)$$

$$\Longrightarrow Ag \cap (Ag^n + Ag^m) = \emptyset \qquad (n, m > o)$$

$$\Longrightarrow Ag \cap (A + Ag)\, g^n = \emptyset \qquad (n > o)$$

$$\Longrightarrow B \cap Bg^n = \emptyset \qquad (n > o), \ldots\ldots$$

ii) $B \neq \emptyset$ (car $\partial A \cap \partial Ag = \emptyset \longrightarrow A \neq Ag$) $\Longrightarrow C \neq \emptyset$.

D'autre part :

$$\partial C = \partial\left(\sum_{-\infty}^{\infty} (A + Ag)\, g^n\right) = 0$$

(puisque chaque ∂Ag^m est fini, $\partial Ag^r \cap \partial Ag^s = \emptyset$ et chaque ∂Ag^m apparait exactement deux fois dans Σ.......)

Puisque Γ est <u>connexe</u> ($H^o(\Gamma) = Z_2$)

$\Longrightarrow C = G$.]

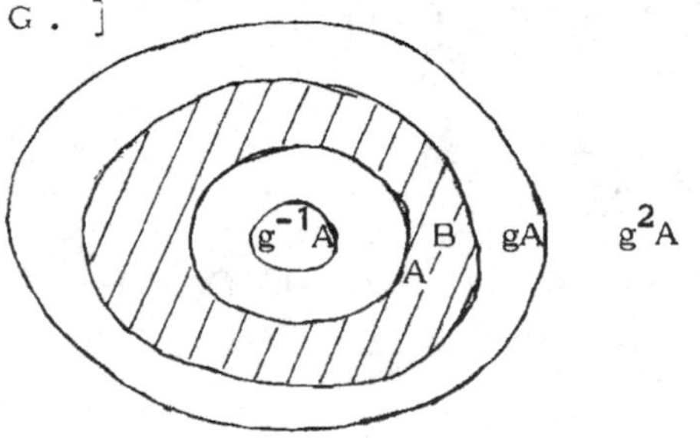

B est la région comprise entre le disque gA et $A \subset gA$.

$$\partial B = \partial A + \partial Ag$$

[En fait, puisque $\partial A \cap \partial Ag \subset \Delta \cap \Delta g = \emptyset \Longrightarrow \partial B = \partial A \cup \partial Ag$.]

Heuristiquement $G = \bigcup_{-\infty}^{\infty} Bg^n$ est un " cylindre infini à 2 bouts" .

SOIT

$$C_N = \sum_{-N}^{N} Bg^n = Ag^{N+1} + Ag^{-N}$$

donc : $\partial C_N = \partial Ag^{-N} + \partial Ag^{N+1}$

[Exercice : Montrer que $\partial Ag^{-N} \cap \partial Ag^{N+1} = \emptyset$.

(Indication : si $\sigma \subset \partial Ag^{-N} \cap \partial Ag^{N+1}$ il aura des extrémités $p \in Ag^{-N}$, $q \in A^* g^{N+1}$.
On aura:
$q, p \in Bg^{-N} \cup Bg^{-(N+1)}$, $q; p \in Bg^{N} \cup Bg^{N+1}, \ldots .$)].

$$(C_N^* = Ag^{-N} + A^* g^{N+1} = Ag^{-N} \cup A^* g^{N+1}).$$

Soit : $D \in Q(G)$, $(D \in F(G)) \Longrightarrow$

$\Longrightarrow \exists\ N < \infty$ t.q.

$$\text{somm } \partial D \subset C_N .$$

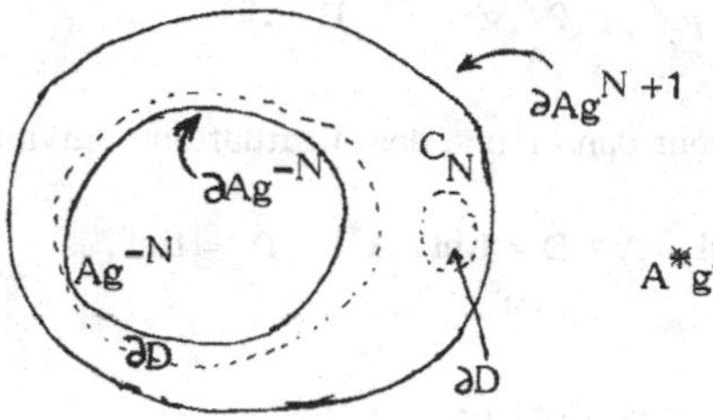

Puisque Δ est fini , $\exists\ M, L > o$, t.q.

$$\text{somm } \Gamma_A g^{-L} \subset Ag^{-N} \qquad (\Longrightarrow \Gamma_A g^{-L} \cap \partial D = \emptyset)$$

$$\text{somm } \Gamma_{A^*} g^{M} \subset A^* g^{N} \qquad (\Longrightarrow \Gamma_{A^*} g^{M} \cap \partial D = \emptyset)$$

[En effet : $\exists\ N_o > o$ t.q.

$$\text{somm } \Delta \subset C_{N_o} = \sum_{-N_o}^{N_o} Bg^n \subset Ag^{N_o} .$$

$\Longrightarrow$ somm $\Gamma_A = A \cup$ somm $\Delta \subset Ag^{N_o}$ e.a.d.s.].

Dorénavant on écrit Γ_A au lieu de somm Γ_A .

Puisque $\quad Ag^{-L} \subset \Gamma_A g^{-L}$

$$A^* g^{M} \subset \Gamma_{A^*} g^{M}$$

$$\Longrightarrow \Gamma_A g^{-L} + Ag^{-N} = \text{fini} \qquad (\Longrightarrow \Gamma_A g^{-L} + A = \text{fini})$$

$$\Gamma_{A^*} g^M + A^* g^N = \text{fini} \qquad (\Longrightarrow \Gamma_{A^*} g^M + A^* = \text{fini})$$

Je dis que la situation suivante est impossible :

$$\exists\ p \in \Gamma_A g^{-L} \cap D \neq \emptyset \neq \Gamma_A g^{-L} \cap D^* \ni q .$$

[En effet p et q peuvent être joints par un chemin γ dans $\Gamma_A g^{-L}$ et $\gamma \supset \sigma$ = 1-simplexe de ∂D].

Pour la même raison, c'est impossible que :

$$\Gamma_{A^*} g^M \cap D \neq \emptyset \neq \Gamma_{A^*} g^M \cap D^* .$$

$\Longrightarrow$ D est nécéssairement dans l'une des 4 situations suivantes :

D = fini, D^* = fini, $A + D$ = fini, $A^* + D$ = fini, q.e.d.

CORROLLAIRE (Théorème de Hopf) :

Soit G de type fini . Alors :

$$bG > 2 \Longrightarrow bG = \infty .$$

[G agit sur $\mathcal{E}(G)$ (à droite) . Si $bG > 2$, et $A \in \mathcal{E}(G) = Q(G)/F(G)$ est non trivial (A, A^* infini) alors le sousgroupe d'isotropie de A :

$$G \supset I(A) = \{ g \in G \text{ , t.q. } A + Ag = \text{fini} \}$$

est fini . Donc, l'orbite :

$$A.G \approx G/I(A) \text{ est infinie }].$$

Théorème 5 : (THEOREME DE STALLINGS SUR LES GROUPES A DEUX BOUTS).

" Soit G de type fini .

$bG = 2 \Longleftrightarrow$ G possède un sousgroupe invariant fini $N \subset G$ t.q:

$$O \longrightarrow N \longrightarrow G \longrightarrow \left\{ \begin{matrix} Z \\ \text{ou} \\ Z_2 * Z_2 \end{matrix} \right\} \longrightarrow O \quad . "$$

Démonstration : $\Longleftarrow$ résulte parce que, d'après le thm. 1 :

$$bG = b\ (G/N)\ .$$

$\Longrightarrow$: Soit $A \in Q(G)$ nontrivial .

Puisque $bG = 2$, $\forall g \in G \Longrightarrow Ag + A$ ou $Ag + A^*$ est fini .

Soit :

$$G \supset H = \{ g \in G, \text{ t.q. } A + Ag = \text{fini} \}\ .$$

a) H est un sousgroupe. (car $g \in H \Longleftrightarrow$ au niveau $\mathcal{E}$, $Ag \equiv A$, e.a.d.s.).

b) Index $[H : G] \leq 2$.

[Soient $g, h \in G - H \Longrightarrow$

Donc, au niveau de $\mathcal{E}$:

$$A^* = Ag^{\pm 1}, \quad A^* = Ah^{\pm 1} \ . \ (A = A^* g^{\pm 1}, \dots)$$

Donc, toujours au niveau de $\mathcal{E}$:

$$Agh^{-1} = (Ag)\, h^{-1} = A^* h^{-1} = A$$

$$\Longrightarrow gh^{-1} \in H\ ].$$

c) Soit $f : G \longrightarrow Z$ la fonction caractéristique de $A \subset G$. Si $h \in H$ on considère f_h = la fonction caractéristique de Ah . On définit :

$$Z \ni \Phi(h) = \text{card}\ (Ah - A) - \text{card}\ (A - Ah) =$$

$= \int (f_h - f)$ (l'intégrale d'une fonction à support compact ($h \in H$) par rapport à la mesur de Haar " canonique " de G ($\mu(g) = 1$)).

$\Phi : H \longrightarrow Z$ est un homomorphisme.

[On a : $f_h(x) = 1 \longleftrightarrow x \in Ah \longleftrightarrow xh^{-1} \in A \longleftrightarrow f(xh^{-1}) = 1$.

Donc :

$$\int (f_h - f) = \int_{x \in G} (f(xh^{-1}) - f(x))$$

$$\Phi(gh) = \int (f_{gh} - f) = \int_{x \in G} (f(xh^{-1}g^{-1}) - f(x)) =$$

$$= \underbrace{\left(\int f(xh^{-1}g^{-1}) - f(xh^{-1})\right)} + \left(\int f(xh^{-1}) - f(x)\right) =$$

$$= \int (f(xg^{-1}) - f(x)$$

$$= \Phi(g) + \Phi(h) .]$$

d) Ker Φ = N = fini . Donc Image Φ est infinie (c'est donc un sousgroupe cyclique infini de Z) . Dorénavant on pense :

$$H \xrightarrow[\Phi]{} Z \longrightarrow O .$$

[Soit : $\Delta \subset \Gamma$ un complexe fini, connexe qui contient tous les sommets de ∂A . On construit Γ_A comme avant . Toujours comme avant, pour tous les $g \in G$, <u>sauf un nombre fini</u> :

$\Delta g \cap \Delta = \emptyset$. (donc $A = Ag$ n'arrive que pour un nombre fini de g) .

Toujours comme avant, si $\Delta g \cap \Delta = \emptyset$ les quatres ensembles :

$$A \cap Ag, \quad A^* \cap Ag, \quad A \cap A^*g, \quad A^* \cap A^*g$$

ne sont pas tous $\neq \emptyset$. (voir la PROPOSITION énoncée au cours du LEMME FONDAMENTAL) .

Si $g \in H \Longrightarrow A \cap A^{*}g$ et $A^{*} \cap Ag$ finis et $A \cap Ag$ et $A^{*} \cap A^{*}g$

infinis (donc $\neq \emptyset$) .

Donc, si $g \in H$, sauf pour un nombre fini de cas, l'un des $A \cap A^{*}g$ ou $A^{*} \cap Ag$

est $\emptyset$ ($\longrightarrow A \subsetneq Ag$ ou $Ag \subsetneq A$) $\Longrightarrow$ $g \notin N$....].

e) Si Index $[H : G] = 1$ ($H = G$), on a fini .

f) Si Index $[H : G] = 2$:

Lemme : Soit E un ensemble (pas nécessairement fini) et

$A, B, A', B', : E \longrightarrow Z/2Z = \{0,1\}$ (ou Z).

En supposant que les 4 intégrales écrites dans la formule ci-dessus sont toutes convergentes, on a :

$$\int (A(x) - B(x)) - \int (A'(x) - B'(x)) =$$

$$= \int (A(x) - A'(x)) - \int (B(x) - B'(x)) .$$

[$\forall x \in E : (A(x) - B(x)) - (A'(x) - B'(x)) =$

$= (A(x) - A'(x)) - (B(x) - B'(x))$ et notre hypothèse est que pour presque tous les $x \in E$ les quatres termes écrits sont nuls,.......].

Soit $a \in G - H$ ($\Longleftrightarrow$

$$\Psi(a) = \int (1 - f(x)) - f(xa^{-1}) < \infty).$$

On remarque que $a \in G\text{-}H \Longrightarrow a^{-1} \in G\text{-}H$ et

$$\Psi(a^{-1}) = \int (1 - f(x)) - f(xa) = \int (1 - f(xa^{-1})) - f(xa^{-1}a) = \Psi(a) .$$

Je dis que $a \in G - H \Longrightarrow \boxed{a^2 \in N}$.

$[\Phi(a^2) = \int f(xa^{-2}) - f(x) = \int f(xa^{-1}) - f(xa) =$

$= \int f(xa^{-1}) - f(xa) - \int [(1-f(x)) - (1-f(x))] =$

$= \int (1-f(x)-f(xa)) - \int (1-f(x) - f(xa^{-1})) =$

$= \Psi(a) - \Psi(a^{-1}) = 0].$

Je dis, aussi, que :

$$\Phi(aha^{-1}) = \Phi(h^{-1})$$

(où $a \in G-H$, $h \in H$).

$[\Phi(aha^{-1}) - \Phi(h^{-1}) = \int (f(xah^{-1}a^{-1}) - f(x)) - \int (f(xh) - f(x)) =$

$= \int (f(xa^{-1}) - f(xha^{-1})) - \int (f(xh) - f(x)) =$

$= \int (1-f(xha^{-1})) - (1-f(xa^{-1})) - \int (f(xh) - f(x)) =$

$= \int (1-f(xha^{-1}) - f(xh)) - \int (1-f(xa^{-1}) - f(x)) =$

$= \Psi(a^{-1}) - \Psi(a^{-1}) = 0].$

$\Longrightarrow$ $N \subset G$ est un sousgroupe invariant !

$\Longrightarrow$ On a une suite exacte : ($H/N = Z$)

$$0 \longrightarrow Z \longrightarrow G/N \longrightarrow Z_2 \longrightarrow 0$$

t.q.; si u est le générateur de Z, $a \in G/N - Z$:

$a^2 = u^0 = 1$ (Z écrit multiplicativement)

$aua^{-1} = u^{-1}$ [$Z_2 * Z_2$ est <u>défini</u> par ces deux relations (abstraites)].

$\Longrightarrow$ On peut construire un homomorphisme :

$$G/N \underset{\Psi}{\longleftrightarrow} \underbrace{Z_2}_{\epsilon_1} * \underbrace{Z_2}_{\epsilon_2}$$

par : $u = \psi(\epsilon_1 \epsilon_2)$ ($\psi^{-1}(Z) = \{$les mots de longueur paire$\}$)

$a = \psi(\epsilon_2)$ (ou d'importe quel mot de longueur impaire)).

est une bijection .

[parce que , si l'on pense à $Z_2 * Z_2$ comme :

$$O \longrightarrow Z \longrightarrow Z_2 * Z_2 \longrightarrow Z_2 \longrightarrow O,$$

ψ est une bijection entre les deux Z et une correspondance biunivoque entre les classes

$$Z_2 * Z_2 - Z, \qquad G/N - Z, \ldots\ldots]$$

Exercice : Les seules extensions :

$$O \longrightarrow Z \longrightarrow X \longrightarrow Z_2 \longrightarrow O$$

sont :

1) $O \to Z \to Z + Z_2 \to Z_2 \to O$,

2) $O \to Z \to Z \to Z_2 \to O$,
$\quad 2$

3) $O \to Z \to Z_2 * Z_2 \to Z_2 \to O$.

$Z_2 * Z_2$(="le groupe dihédral infini") possède une repr. 1-dim. affine , fidèle.

3. Bouts et structures bipolaires : POUR TOUTES LES STRUCTURES BIPOLAIRES CONSIDEREES DORENAVANT :

F EST UN GROUPE FINI .

Proposition 6 : " Si G admet une structure bipolaire :

$$bG \geq 2 \text{ "} .$$

Démonstration : Si $a \in EE^*$ ($\neq \emptyset$) on voit que $a^2, a^3, \ldots \in EE^*$.

(Donc, en particulier : $a^n \neq 1$) .

$\Longrightarrow$ EE^* est infini .

$\Longrightarrow$ E^*E est infini .

$\Longrightarrow$ Si l'on considère

$$\boxed{A = EE \cup E^*E} \in \mathcal{A}(G)$$

A et $A^* = G - A$ sont <u>infinis</u> .

Je dis que $\boxed{A \in \mathcal{Q}(G)}$, d'où la proposition .

[Puisque G est engendré par les éléments irréductibles, il suffit de montrer que pour chaque $g \in Irr \Longrightarrow \Delta_g A \in \mathcal{F}(G)$.

Si : $g \in F \cup S \Longrightarrow gA \subset A$, et puisque la même chose est vraie pour g^{-1} : $gA = A$.

Si : $g \in Irr - (F \cup S)$ ($\Longrightarrow g^{-1} \in Irr - (F \cup S)$):

$$gA \subset A \cup F \cup S$$

$$g^{-1}A \subset A \cup F \cup S \quad (\Longrightarrow A \subset gA \cup gF \cup gS)$$

(car g (élément de A) = élément <u>qui finit</u> en E, ou élément de $F \cup S, \dots$) .

$$\Longrightarrow \quad A - gA \subset gF \cup gS$$

$$gA - A \subset F \cup S$$

$$\Longrightarrow \Delta_g A \subset F \cup S \cup gF \cup gS \in \mathcal{F}(G).\ ]$$ q.e.d.

Je rappelle, maintenant, qu'on introduit les sousgraphes :

$$G_1 = F \cup (Irr \cap EE)$$

$$G_2 = F \cup (Irr \cap E^*E^*)$$

Je remarque, en passant, que ou bien $G_i \supset F$ avec F <u>propre</u> pour i = 1 et 2 , ou bien $G_1 = G_2 = F$.

[En effet, dans les cas $S \neq \emptyset$, $S = \mathrm{Irr} \cap EE^* = \emptyset$,

le théorème fondamental des structures bipolaires nous dit déjà que $F \subset G_i$ est propre (comme conséquence de $EE^* \neq \emptyset$).

Si $S = \emptyset$, $t \in \mathrm{Irr} \cap EE^*$, on a

$$G_2 = t^{-1} G_1 t .$$

Si $G_1 = F$, on a aussi $\phi(F) = t F t^{-1} = F \Longrightarrow$

$$G_2 = t^{-1} F t = t^{-1} (t F t^{-1}) t = F .$$

Si $G_2 = F$ on a $G_1 = t F t^{-1} = \Phi(F)$

$\longrightarrow$ card G_1 = card F et puisque $F \subset G_1 \longrightarrow F = G_1$.]

Proposition 7 : " Si G admet une structure bipolaire et :

$$\text{Index } [F : G_2] \geq 3$$

alors : $bG = \infty$."

Démonstration : On remarque que :

$bG = \infty \Longleftrightarrow \exists$ trois éléments distincts non-triviaux dans $\mathcal{E}(G)$.

Index $\geq 3 \Longrightarrow \exists\ x, y \in G_2 - F$, t.q. $xy^{-1} \notin F$

Je dis que $A \cap Ax = \emptyset$.

[En effet : si $g \in A$ on a :

$$\underbrace{g}_{XE} \underbrace{x}_{E^*E^*} \in XE^* \;]$$

Pour les mêmes raisons :

$$A \cap Ay = \emptyset ,$$

$$Ax \cap Ay = (Axy^{-1} \cap A) y = \emptyset .$$

Donc $A, Ax, Ay, \in Q(G)$ sont 3 éléments distincts et(non-triviaux)de $\mathcal{E}(G)$,.

Proposition 8 : " Si G admet une structure bipolaire , t.q. :

$S = \emptyset$, $t \in EE^* \cap Irr \neq \emptyset$, $a \in G_2 - F \neq \emptyset$

(donc F est propre dans G_1)

$$\Longrightarrow \qquad bG = \infty . "$$

Démonstration :

$$\underbrace{\underbrace{t}_{Irr}}_{EE^*} \cdot \underbrace{\underbrace{a}_{Irr}}_{E^*E^*} \in Irr \cap (EE^*)$$

(puisque $S = \emptyset$) .

Je dis que : $At^{-1} \cap A^* = \emptyset$.

[En effet : $g \in A$ et :

$$\underbrace{g}_{XE} \cdot \underbrace{t^{-1}}_{E^*E} \in XE \subset A .]$$

Pour la même raison :

$$A a^{-1} t^{-1} \cap A^* = \emptyset .$$

On a, aussi :

$$Aa^{-1} t^{-1} \cap At^{-1} = \underbrace{(Aa^{-1} \cap A)}_{\emptyset} t^{-1} = \emptyset .$$

On a donc trouvé 3 éléments distincts et non-triviaux dans $\mathcal{E}(G)$.

THEOREME 9 :

Soit G un groupe tel que l'une des conditions suivantes soient vérifiées :

(i) $G = G_1 \underset{F}{*} G_2$

F fini, F propre, Index $[F : G_2] \geq 3$.

(ii) $G = G_1 \underbrace{*}_{F,\ \Phi}$

F fini, F propre

$\Longrightarrow$ $bG = \infty$. "

Démonstration : Dans le cas (i) on construit de la manière canonique une structure bipolaire satisfaisant à la proposition 7 .

Dans le cas (ii), on construit une structure bipolaire comme suit : On reconstruit à partir de G la structure bipolaire du point 3° (THM. FONDAMENTAL SUR LES STRUCTURES BIPOLAIRES) .

D'une manière explicite : on considère le prégroupe P ($\cup$ (P) = G) :

$$P = (G_1 \cup tG_1 \cup G_1t^{-1} \cup tG_1t^{-1}) / (f \sim t\,\Phi(f)t^{-1}) .$$

et l'on commence par mettre :

$$\boxed{G_1 - F \subset EE , \quad t \in E^*E}$$

(Ceci nous oblige à mettre : (puisqu'on veut que t, $G_1 \subset$ Irr)

$tG_1 \subset E^*E$

$G_1t^{-1} \subset EE^*$

$$t (G_1 - \Phi(F)) t^{-1} \subset E^*E^*).$$

On remarque ensuite que les mots de la forme

$$\underbrace{XV}_{x} \quad , \quad \underbrace{VY}_{y}$$

ne sont jamais irréductibles, ce qui fait qu'on n'aura aucun problème de caser dans les XY les mots de U (P)........

CHAPITRE V

LE THEOREME DE STALLINGS SUR LES GROUPES A UNE INFINITE DE BOUTS

1) Géométrie des cochaînes mod-2 sur un graphe : Soit Γ un graphe connexe (orienté localement fini). On a déjà introduit :

$$C^*(\Gamma) = \underbrace{C^0(\Gamma)}_{F(\Gamma)\subset Q(\Gamma)\subset A(\Gamma)} + \underbrace{C^1(\Gamma)}_{C(\Gamma)},$$

et le cup-produit :

$$A(\Gamma) \vee C(\Gamma) \to C(\Gamma)$$
$$C(\Gamma) \vee A(\Gamma) \to C(\Gamma)$$
$$A(\Gamma) \vee A(\Gamma) \to A(\Gamma).$$

Puisque en dimension 0, $\vee$ = l'intersection $\cap$ qu'on n'écrit plus, on va quelquefois omettre le $\vee$, dorénavant (au moins en dim. 0).

Soient Γ_0, Γ_1 les éléments totaux de $A(\Gamma)$, $C(\Gamma)$. (On écrit quelquefois $\Gamma_0 = 1$ ou $\Gamma_1 = 1$).

Je rappelle, pour le co-bord :

$$\partial : A(\Gamma) \to C(\Gamma)$$

les règles suivantes :

$$\partial A = A\Gamma_1 + \Gamma_1 A$$
$$\partial(A+B) = \partial A + \partial B$$
$$\partial(A \vee B) = \partial A \vee B + A \vee \partial B$$
$$\partial A^* = \partial A.$$

(Pour la première :

$A\Gamma_1$ = les 1-simplexes ayant le premier sommet dans A

$\Gamma_1 A$ = les 1-simplexes ayant le dernier sommet dans A.

Donc : $A\Gamma_1 + \Gamma_1 A$ = les 1-simplexes ayant le premier ou le dernier sommet dans A, mais pas les deux ...)

Je rappelle la

Définition : Soit $A \in A(\Gamma)$; on dira que A est connexe si

$$A = B+C,\ BC = \emptyset,\ B \neq \emptyset \neq C$$

$$\Longrightarrow \partial B \cap \partial C \neq \emptyset.$$

Lemme 1.- A connexe $\Longleftrightarrow$ $\exists$ un sous-graphe $\Gamma' \subset \Gamma$, connexe (dans le sens topologique), tel que $\mathrm{somm}\,\Gamma' = A$.

[$\Longleftarrow$: $\exists$ arrête $\sigma \subset \Gamma'$ ayant une extrémité dans B et l'autre dans C.

$\Longrightarrow$: Soit γA = le sous-graphe de Γ formé par toutes les arrêtes ayant leurs extrémités dans $A(\cup(A))$. Soit $\gamma A = \gamma_1 A \cup \gamma_2 A$ une décomposition en 2 parties (ouverte et fermée) $B = (\gamma_1 A) \cap A$, $C = (\gamma_2 A) \cap A$. Si $\partial B \cap \partial C \neq \emptyset \rightarrow \exists$ $\sigma \in \mathrm{Arr}\,\Gamma$ ayant une extrémité dans B, l'autre dans $C \rightarrow \sigma \subset \gamma A \rightarrow \sigma$ unit $\gamma_1 A$ et $\gamma_2 A$ ...].

Lemme 2.- $A, B \in A(\Gamma)$, $0 \neq A \subset B$, $\partial A \subset \partial B$, B connexe $\Longrightarrow A = B$.

[On considère la décomposition disjointe (non triviale si $\emptyset \neq A \neq B$)

$$B = A + (A+B)$$

Vu que $\partial A \subset \partial B$ $\Longrightarrow$ $\partial A \cap (\partial A + \partial B) = (\partial A \cap (\partial B - \partial A) = \emptyset$

$\Longrightarrow A = B$ (puisque B connexe].

Pour $A \in Q(\Gamma)$ on définit :

$$|\partial A| = \mathrm{card}\ \partial A.$$

Je rappelle qu'on dit que $A \in Q(\Gamma)$ est non-trivial si A et A^* sont infinis, et que l'existence d'éléments non-triviaux équivaut à $b\Gamma \geq 2$ (car

$$b\Gamma = \dim_{Z_2} Q(G)/F(G)).$$

DORENAVANT, DANS CE PARAGRAPHE, ON SUPPOSERA QUE Γ EST CONNEXE, ET

$$\boxed{b\Gamma \geqslant 2}$$

<u>Lemme 3.-</u> Soit $A \in Q(\Gamma)$. A non trivial $\Longleftrightarrow \partial A \not\in \partial F(\Gamma)$.

[$A \in Q(\Gamma) \Longleftrightarrow \partial A =$ fini.

D'autre part : $\partial A \in \partial F(\Gamma) \Longleftrightarrow \exists\, B \in F(\Gamma)$, tel que $\partial B = \partial A \Longleftrightarrow \exists\, B \in F(\Gamma)$ tel que $\partial(A+B) = 0$.

Mais puisque Γ est connexe :

$$\partial(A+B) = 0 \Longleftrightarrow A+B = \begin{cases} \Gamma_0 & \rightarrow A^* \text{ fini} \\ \emptyset & \rightarrow A \text{ fini} \end{cases}$$

e.a.d.s.].

<u>Définition</u> : On définit la <u>taille</u> de Γ :

$$|\Gamma| = \min|\partial A|, \quad \text{pour } A \in Q(\Gamma), \text{ \underline{non-trivial}} \ (\rightarrow \partial A \neq \emptyset).$$

Donc : $\infty > |\Gamma| > 0$.

<u>Exemples</u> :

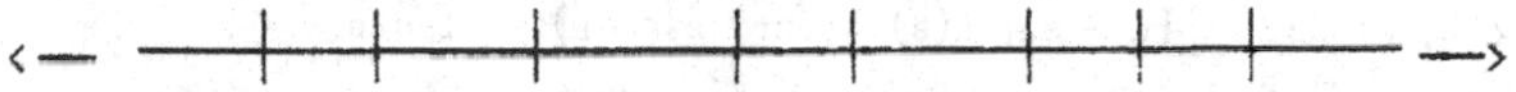

$|\Gamma| = 1$

<u>Exercice</u> : Si Γ est un arbre :

$|\Gamma| = 1$.

La réciproque est-elle vraie ?

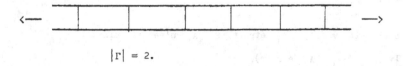

$|\Gamma| = 2$.

<u>Définition</u> : $A \in Q(\Gamma)$, non-trivial, est dit <u>étroit</u> si $|\partial A| = |\Gamma|$.

<u>Lemme 4.-</u> A étroit $\Longrightarrow$ A connexe.

[Si $A = B+C$, $\partial B \cap \partial C = \emptyset$, $B \cap C = \emptyset \Longrightarrow (B, C \in Q(\Gamma))$

$\Longrightarrow B$(ou C) $\not\subset \partial F(\Gamma) \Longrightarrow \partial C = 0$ (car, autrement A ne serait pas étroit) $\Longrightarrow C = ($ ou $1, \ldots]$.

<u>Lemme 5.-</u> (Condition de la <u>chaîne descendante</u>) :

"Soit $A_1 \supset A_2 \supset \ldots$, A_i étroit.

$B = \cap A_n \neq 0 \Longrightarrow \exists N$, tel que, si $n > N$:

$$A_n = A_{n+1} = \ldots = B ."$$

<u>Démonstration</u> : On peut supposer $\partial B \neq \emptyset$ (car autrement $A_i = \Gamma_0 = 1, \ldots$)

$$s \in \partial B \Longleftrightarrow \begin{cases} \text{un sommet de } s \text{ appartient à } \forall A_i \\ \text{l'autre sommet de } s \text{ n'appartient pas à } A_i \\ \text{pour \underline{presque tous} les } i . \end{cases}$$

$\Longrightarrow \exists n(s)$ tel que, si $n \geqslant n(s)$:

$$s \in \partial A_n$$

$\Longrightarrow \text{card}\, \partial B \leqslant |\Gamma|$ (car si $\text{card}\, \partial B \geqslant |\Gamma| + 1$ je pourrais trouver un A_i avec $\text{card} |\partial A_i| > |\Gamma|$)

$\Longrightarrow \text{card}\, \partial B < \infty$, donc, $\exists n = \sup n(s)$ (pour $s \in \partial B$) tel que

$$\partial B \subset \partial A_n \Longrightarrow B = A_n .$$

<u>COROLLAIRE.-</u> Soit $v \in$ somm Γ. Il existe $A \in A(\Gamma)$, <u>étroit</u>, tel que :

(i) $v \in A$

(ii) A est <u>minimal</u>, dans le sens que, si B est étroit et $v \in B \subset A \Longrightarrow B = A$.

[On choisit $v \in A_1$, A_1 étroit. Si A_1 n'est pas minimal

$\exists v \in A_2 \underset{\neq}{\subset} A_1$ (A_2 étroit).

On peut continuer indéfiniment :

(*) $\qquad A_1 \underset{\neq}{\supset} A_2 \underset{\neq}{\supset} A_3 \supset \ldots$

sauf si pour un certain rang n on a A_n = minimal.

Mais (*) ne peut pas exister....].

Exercice : Soit Γ un graphe localement fini, et $\Gamma_1 \supset \Gamma_2 \supset \ldots$ une suite de sous-graphes connexes, infinis, tels que $\exists x \in \text{somm}\, \Gamma$, $x \in \cap \Gamma_i$. Alors $\cap \Gamma_i$ est infini.

Lemme 6.- "Soit $v \in \text{somm}\ \Gamma$, $A \in \mathcal{A}(\Gamma)$ étroit tel que $v \in A$, A minimal (donc A satisfait aux conditions (i), (ii) ci-dessus).

Soit $B \in \mathcal{A}(\Gamma)$ étroit (quelconque).

Il existe

$$X \in \{AB, A^*B, AB^*, A^*B^*\}$$

tel que $\partial X \in \partial F(\Gamma)$. (Donc l'un au moins des 4 éléments est trivial).

Démonstration : Vu que $\partial A = \partial A^*$:

$$\partial(AB) = A \vee \partial B + \partial A \vee B$$

$$\partial(A^*B) = A^* \vee \partial B + \partial A \vee B$$

$$\partial(AB^*) = A \vee \partial B + \partial A \vee B^*$$

$$\partial(A^*B^*) = A^* \vee \partial B + \partial A \vee B^*$$

$\Longrightarrow |\partial(AB)| + |\partial(A^*B)| + |\partial(AB^*)| + |\partial(A^*B^*)|$

$\leqslant 2(|A.\partial B| + |A^*.\partial B| + |B.\partial A| + |B^*\partial A|)$

$= 2(|\partial A| + |\partial B|) = 4|\Gamma|$.

Si tous les X sont non-triviaux

$\Longrightarrow |X| \geqslant |\Gamma|$ $(\forall X)$ et, puisque

$$\Sigma|X| \leqslant 4|\Gamma|$$

$\Longrightarrow |X| = |\Gamma|$ $(\forall X)$

$\Longrightarrow$ les 4 éléments X sont étroits.

Mais AB, AB^* sont strictement plus petits que A (puisque tous les $X \neq \emptyset \Longleftarrow X$ non-trivial) et l'un des AB, AB^* contient le point v.

$\Longrightarrow$ Il existe un élément étroit AB (ou AB^*), plus petit que A, contenant v.

(Contradiction !).

COROLLAIRE 7.- Si $b\Gamma \geqslant 2$ (donc s'il $\exists$ des éléments non-triviaux), il $\exists$ A <u>étroit</u>, tel que $\forall B$ <u>étroits</u>, il existe :

$$X \in \{AB, A^*B, AB^*, A^*B^*\}$$

tel que $X =$ <u>fini</u>.

[On choisit $v \in$ somm Γ, $v \in A$, A étroit, minimal. Si B est étroit, on sait, d'après le lemme 6, qu'il existe $X \in \{\ldots\}$ tel que :

$$\partial X = \partial F, \quad F \in F(\Gamma).$$

Disons que, $X = AB$. Donc :

$$AB+F = \begin{cases} \emptyset \\ \text{ou} \\ \Gamma_0 \Longrightarrow \text{ceci est impossible vu que } A^* \text{ est } \infty. \end{cases}$$

$\Longrightarrow AB = F$ (fini !)].

<u>Lemme 8.-</u> A,B étroits, tels que AB, A^*B^* infinis

$\Longrightarrow AB$ et $A \cup B$ sont <u>étroits</u>. □

$$[(AB)^* = A^* \cup B^* \supset A^*B^* = \text{infini}$$

$\Longrightarrow AB \in A(\Gamma)$ est <u>non-trivial</u>

$\Longrightarrow |\partial(AB)| \geqslant |\Gamma|$.

D'autre part $A \cup B = (A^*B^*)^*$, et pour la même raison :

$$|\partial(A^*B^*)| = |\partial(A \cup B)| \geqslant |\Gamma|.$$

Mais :

$$|\partial(AB)| + |\partial(A^*B^*)|$$

$$= |\partial A \vee B + A \vee \partial B| + |\partial A \vee B^* + A^* \vee \partial B|$$

$$\leqslant |\partial A \vee B| + |A \vee \partial B| + |\partial A \vee B^*| + |A^* \vee \partial B|$$

$$= |\partial A| + |\partial B| = 2|\Gamma|$$

$$\Longrightarrow |\partial(AB)| = \underbrace{|\partial(A^*B^*)|} = |\Gamma| \;]$$
$$= |\partial(A \cup B)|.$$

<u>DEFINITION</u> : Fixons $\alpha,\beta \in \mathcal{E}(\Gamma) = Q(\Gamma)/F(\Gamma)$

$$0 \neq \alpha \subset \beta \neq 1.$$

On définit :

$\mathcal{E}(\Gamma) \supset L(\alpha,\beta) = \{\gamma \in \mathcal{E}(\Gamma)$ tel que $\alpha \subset \gamma \subset \beta$, et γ est représentable par $C \in Q(\Gamma)$ <u>étroit</u>$\}$.

$L(\alpha,\beta)$ est une <u>lattice distributive</u>.

[Si $\gamma,\gamma' \in L(\alpha,\beta) \Longrightarrow \gamma\gamma', \gamma \cup \gamma' \in L(\alpha,\beta)$, d'après le lemme 8.

$\mathcal{E}(\Gamma)$ = algèbre de Boole, donc a fortiori <u>lattice distributive</u> $\Longrightarrow L(\alpha,\beta)$ en tant que sous-lattice est forcément <u>distributive</u>.

$L(\alpha,\beta)$ n'est <u>pas</u> une sous-algèbre de Boole de $\mathcal{E}(\Gamma)$ car elle n'est pas fermée pour $A \to A^*$, donc pas pour $+$].

<u>Lemme 9.</u>- La lattice $L(\alpha,\beta) \subset \mathcal{E}(\Gamma)$ satisfait aux conditions des chaînes descendantes et ascendantes :

1) Si $\gamma_i \in L(\alpha,\beta)$:

$$\beta \supset \gamma_1 \supset \gamma_2 \supset \ldots \supset \alpha$$
$$\Longrightarrow \exists N, \text{ tel que } \gamma_n = \gamma_N, \text{ si } n \geqslant N.$$

2) Si $\gamma'_i \in L(\alpha,\beta)$

$$\beta \supset \ldots \supset \gamma'_2 \supset \gamma'_1 \supset \alpha$$
$$\Longrightarrow \exists N', \text{ tel que } \gamma'_n = \gamma'_{N'}, \text{ si } n \geqslant N'.$$

<u>Démonstration</u> : 1) Soit $C_i \in Q(\Gamma)$ {étroit} un représentant de γ_i

$$D_i = C_1 \cap C_2 \cap \ldots \cap C_i \subset C_i$$

est encore étroit, et représente :

$$\gamma_1 \cap \gamma_2 \cap \cdots \cap \gamma_i = \gamma_i .$$

On a obtenu ainsi un système de représentants étroits ($\Longrightarrow$ connexes)

$$D_1 \supset D_2 \supset \dots \supset D_i \supset \dots$$

Soit $S = \text{somm}\ \partial A$ (où A représente α)

Remarque : Il ne résulte pas de tout ce qu'on vient de vire, que $A \subset D_i$.

Puisque ∂A = fini $\Longrightarrow$ S = fini.

Je dis que $D_i \cap S \neq \emptyset$.

[On a, au niveau $\mathcal{E}$:

$$\gamma_i\alpha = \alpha \underbrace{\neq 0 \neq \gamma_i\alpha^*}$$

$$\Longleftrightarrow \gamma_i \neq \alpha .$$

Donc, au niveau $A(\Gamma)$:

$$p \in D_iA \neq 0 \neq D_iA^* \ni q.$$

Comme D_i connexe $\Longrightarrow$ p,q peuvent être joints par un arc dans D_i $\Longrightarrow$ $\exists$ un simplexe σ :

$$\underset{D_iA \qquad\qquad\qquad D_iA^*}{\overline{\quad \sigma \in \partial A \quad}} \;].$$

Puisque S fini $\Longrightarrow$ $\exists$ un élément de S qui appartient à une infinité de D_i $\Longrightarrow$ $\bigcap D_i \neq \emptyset$. On applique le lemme 5 (condition de la chaîne descendante au niveau $A(\Gamma)$...

2) $\Longleftrightarrow$ 1) pour $L(\beta^*,\alpha^*)$.

COROLLAIRE 10.- (Jordan-Hölder...) : "Pour chaque

$$0 \neq \alpha \subset \beta \neq 1 \quad (\alpha,\beta \in \mathcal{E}(\Gamma))$$

il existe $N = N(\alpha,\beta)$, tel que pour toute chaîne non-triviale dans $L(\alpha,\beta)$:

$$\alpha \underset{\neq}{\subset} \gamma_1 \underset{\neq}{\subset} \gamma_2 \dots \underset{\neq}{\subset} \gamma_n \underset{\neq}{\subset} \beta$$

($\gamma_i \in L(\alpha,\beta)$) on ait $n < N(\alpha,\beta)$".

Démonstration : D'après le lemme précédent, il existe pour chaque $L(\alpha,\beta)$ une chaîne non-triviale maximale ($\longleftrightarrow$ qui ne peut pas être élargie) :

(*) $$\alpha \underset{\neq}{\subset} \delta_1 \underset{\neq}{\subset} \delta_2 \underset{\neq}{\subset} \dots \underset{\neq}{\subset} \delta_N \underset{\neq}{\subset} \beta .$$

Pour $\alpha \subset \beta$ soit $N(\alpha,\beta)$ = le plus petit des N ci-dessus.

<u>Proposition N :</u> $n \leqslant N$.

[<u>Exercice</u> : Tous les N (pour α,β donnés) sont égaux].

<u>Démonstration par induction sur</u> N : Si $N = 0$ c'est évident. Disons que ce soit déjà prouvé pour tous les $L(\alpha',\beta')$ tel que $N(\alpha',\beta') \leqslant N-1$.

La maximalité de (*) fait que :

$$\delta_N \cup \gamma_i = \begin{cases} \beta \\ \text{ou} \\ \delta_N (\Longleftrightarrow \gamma_i \subset \delta_N). \end{cases}$$

Soit $i \leqslant n$ l'indice le plus grand, tel que $\gamma_i \subset \delta_N$. On a :

$$\alpha \underset{\neq}{\subset} \delta_N \cap \gamma_1 \underset{\neq}{\subset} \delta_N \cap \gamma_2 \underset{\neq}{\subset} \dots \underset{\neq}{\subset} \delta_N \cap \gamma_i \subset \delta_N \cap \gamma_{i+1}$$

$$\underset{\neq}{\subset} \delta_N \cap \gamma_{i+2} \underset{\neq}{\subset} \dots\dots\dots\dots \underset{\neq}{\subset} \delta_N \cap \gamma_n \underset{\neq}{\subset} \delta_N .$$

[On a $\delta_N \cap \gamma_n \neq \delta_N$, car autrement, $\gamma_n = \beta$ et $\delta_N \cap \gamma_{i+2} \neq \delta_N \cap \gamma_{i+3} \dots$ car, autrement $\gamma_{i+2} = \gamma_{i+3}, \dots$].

On a ainsi, construit une chaîne non-triviale de longueur $\geqslant n-1$ de $L(\alpha,\delta_N)$. Mais $N(\alpha,\delta_N) \leqslant N-1$, e.a.d.s.

2) <u>Groupes à une infinité de bouts</u> :

Soit G un groupe de type fini, engendré par T, et $\Gamma = \Gamma(G,T)$. On va supposer :

$$\boxed{bG = \infty} .$$

En particulier $bG \geqslant 2$ et le paragraphe précédent s'applique à Γ. Il existe donc un élément :

$$A \in Q(\Gamma) = Q(G).$$

(Dorénavant $\mathcal{E}(\Gamma) = \mathcal{E}(G)$, $A(\Gamma) = A(G),\ldots$),

tel que : a) A est non-trivial,

b) A est étroit,

c) $\forall B$ (non-trivial) étroit

l'un des

$$X \in \{A \cap B, A^* \cap B, A \cap B^*, A^* \cap B^*\}$$

est fini. A sera fixé dorénavant.

<u>Lemme 1.-</u> $\forall g \in G$, il existe au moins un parmi les quatre ensembles suivants qui soit <u>fini</u> :

$$A \cap Ag, A^* \cap Ag, A \cap A^*g, A^* \cap A^*g.$$

[Il suffit de remarquer que Ag est non-trivial et que $|\partial Ag| = |\partial A|$, donc Ag est étroit].

<u>DEFINITION</u> : On va définir 2 applications :

$$A(\Gamma) \underset{E^*}{\overset{E}{\rightrightarrows}} A(\Gamma)$$

par : $E(A) = A$, $E^*(A) = A^*$.

On va désigner par :

$$X, Y, \ldots \in \{E, E^*\}.$$

Sur $\{E, E^*\}$ on considère <u>l'involution</u> $*$:

$$X \in \begin{Bmatrix} E \\ E^* \end{Bmatrix} \longrightarrow \begin{Bmatrix} E^* \\ E \end{Bmatrix} \ni X^*.$$

On va définir : $F, S \subset G$ $(H = F \cup S)$ par :

$$F = \{g \in G \,|\, A = Ag, \text{ dans } \mathcal{E}(G)\}$$
$$= \{g \in G \,|\, Ag \cap A^* = \text{fini}, \; A^*g \cap A = \text{fini}\}$$
$$S = \{g \in G \,|\, A^* = Ag, \text{ dans } \mathcal{E}(G)\}$$
$$= \{g \in G \,|\, A^* \cap A^*g = \text{fini}, \; Ag \cap A = \text{fini}\}.$$

<u>Lemme 2.-</u> Si $g \in G-H$ il existe un mot <u>unique</u> XY $(X, Y \in \{E, E^*\})$

tel que :

$$X(Ag) \cap YA = \text{fini}.$$

[L'existence est immédiate. Dans H on a mis tous les cas où :

$$X(Ag) \cap YA \quad \text{et} \quad X^*(Ag) \cap Y^*A$$

étaient finis, à la fois.

Si $X(Ag) \cap YA$ et $X^*(Ag) \cap YA$ sont tous les deux finis, il en résulte que :

$$X(Ag) \cap YA + X^*(Ag) \cap YA = YA$$

est fini, ce qui est impossible, car A est non-trivial...].

DEFINITION : $G \supset XY = \{g \in G-H, \text{ tel que } X(Ag) \cap YA = \text{fini}\}$.

$\Longrightarrow$ une décomposition disjointe :

$$G = F \cup S \cup EE \cup E^*E \cup EE^* \cup E^*E^*.$$

[Exercice : Si l'on fait toutes les sommes de deux termes distincts $\in \{XAg \cap YA\}$ on obtient : A, A^*, Ag, A^*g et $A \cap gA + A^* \cap gA^*$, $A \cap gA^* + A^* \cap gA$.

On a, aussi :

$$\begin{aligned}\partial(A \cap gA^* + A^* \cap Ag) &= \partial(A \cap Ag + A^* \cap A^*g) \\ &= \partial(A+Ag)].\end{aligned}$$

Lemme 3.- F est un sous-groupe fini.

[F est clairement un sous-groupe. C'est en fait, au niveau $\mathcal{E}$, le sous-groupe qui laisse invariant A = non-trivial. Si ce groupe était infini, on aurait, d'après le lemme fondamental : bG = 2].

Lemme 4.- $F \cup S = H$ est un sous-groupe et

$$\text{Index}[F : H = F \cup S] \leqslant 2.$$

[Si $g, g' \in S \Longrightarrow gg'^{-1} \in F$, ...].

ON VA MONTRER QUE LA DECOMPOSITION CI-DESSUS EST UNS STRUCTURE BIPOLAIRE.

[Ceci, vu les théorèmes sur les structures bipolaires, montrera que

$$bG = \infty \Longrightarrow G = G' \underset{F}{*} G'' \quad \text{(avec } F \text{ sous-groupe \underline{propre})}$$

ou

$$G = \underbrace{G''' *}_{F,\phi} \ .$$

On sait que :

$$\text{Index}[F:G'] = \text{Index}[F:G''] = 2$$

ou

$$F = G''$$

impliquent $bG = 2$. On retrouve donc bien que $bG = \infty \Longrightarrow$ l'une des deux formes indiquées par le théorème de Stallings].

On a déjà vérifié les axiomes 1° et 2° des structures bipolaires (avec F fini).

Lemme 5.- (Axiome 3°)

$$g \in XY,\ f \in F \Longrightarrow g f \in XY.$$

$$[g \in XY \Longleftrightarrow \{g \in G-H | X(Ag) \cap YA = \text{fini}\}$$

$$\Longleftrightarrow \{g \in G | X(Ag) \underset{\neq}{\subset} Y^*(A) \ \ \underline{\text{dans } \mathcal{E}}\}$$

$$\Longleftrightarrow \{g \in G | Y(A) \underset{\neq}{\subset} X^*(Ag) \ \ \underline{\text{dans } \mathcal{E}}\}.$$

(les inclusions sont strictes car les cas $XAg = YA$ (dans $\mathcal{E}(G)$) sont réalisées seulement si $g \in F \cup S$).

On fait dans $\mathcal{E}$, le calcul suivant :

$$XAg \underset{\neq}{\subset} Y^*A$$

$$\Longrightarrow XAgf \underset{\neq}{\subset} Y^*Af = Y^*A \ldots].$$

Lemme 6.- (Axiome 4°).

$$g \in XY,\ s \in S \Longrightarrow gs \in XY^*.$$

[Même raisonnement qu'avant, en remarquant que dans $\mathcal{E}$:

$Y^*As = Y^*A^* = YA]$.

Lemme 7.- (Axiome 5°) :

$$g \in XY \Longrightarrow g^{-1} \in YX$$

$[XAg \underset{\neq}{\subset} Y^*A$

$\Longrightarrow XAgg^{-1} = XA \underset{\neq}{\subset} Y^*Ag^{-1}$

$\Longrightarrow YAg^{-1} \underset{\neq}{\subset} X^*A$ ...].

Lemme 8.- (Axiome 6°) :

$$g \in XY, \quad h \in Y^*Z \Longrightarrow gh \in XZ$$

[On a : $XAg \underset{\neq}{\subset} Y^*A$ ($\Longrightarrow XAgh \underset{\neq}{\subset} Y^*Ah$)

et $Y^*Ah \underset{\neq}{\subset} Z^*A$, c.a.d.s....].

Lemme 9.- (Axiome 7°) : Soit :

$$g = g_1 \dots g_n$$

$$g_i \in X_i^*X_{i+1}$$

$\Longrightarrow \exists\, N = N(g)$, tel que $n \leqslant N$.

$[g_i \in X_i^*X_{i+1} \Longleftrightarrow X_i^*Ag_i \underset{\neq}{\subset} X_{i+1}^*A$

$\Longrightarrow X_i^*Ag_ig_{i+1} \dots g_n \underset{\neq}{\subset} X_{i+1}^*Ag_{i+1} \dots g_n$.

Puisque tous ces éléments sont clairement étroits, on a donc une chaîne non-triviale (dans $L(X_1^*Ag, X_{n+1}^*A)$) :

$$X_1^*Ag \underset{\neq}{\subset} X_2^*Ag_2 \dots g_n \underset{\neq}{\subset} \dots \underset{\neq}{\subset} X_n^*Ag_n \underset{\neq}{\subset} X_{n+1}^*A.$$

Donc : $n \leqslant N(L(X_1^*Ag, X_{n+1}^*A))$...].

Lemme 10.- (Axiome 8°) :

$$\boxed{EE^* \neq \emptyset}$$

Démonstration : Soit $\Delta \subset \Gamma$ un sous-graphe fini, connexe, tel que

$\partial A \subset \Delta.$

Soit $A(G) \supset L = \text{somm } \Delta.$

Comme A et A^* sont infinis, ∂A = fini, $\exists$ des <u>infinités</u> de $x,y \in G-H$, tel que :

$Lx \subset A, \quad Ly \subset A^*.$

On peut demander en même temps :

$\Delta x \cap \Delta = \emptyset = \Delta y \cap \Delta \ (Lx \cap L = \emptyset = Ly \cap L)$

(voire la démonstration du LEMME FONDAMENTAL 4, Ch. IV).

D'après la PROPOSITION énoncée au cours de la démonstration du lemme fondamental 4, ch. IV, l'un au moins des 4 ensembles :

$Ax \cap A^*, \ A^*x \cap A, \ Ax \cap A, \ A^*x \cap A^*$

est $\emptyset$ (et de même pour y).

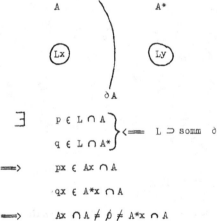

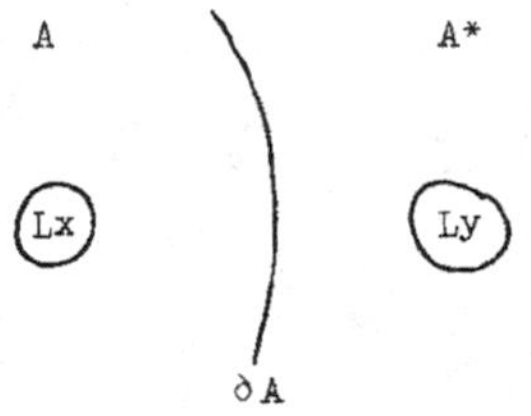

$\exists \quad \left.\begin{array}{l} p \in L \cap A \\ q \in L \cap A^* \end{array}\right\} \Longleftarrow \quad L \supset \text{somm } \partial A$

$\Longrightarrow \quad px \in Ax \cap A$

$\qquad qx \in A^*x \cap A$

$\Longrightarrow \quad Ax \cap A \neq \emptyset \neq A^*x \cap A$

$\Longrightarrow \quad \left\{\begin{array}{l} A^*x \cap A^* = \emptyset \longrightarrow x \in E^*E^* \\ \text{ou} \\ Ax \cap A^* = \emptyset \longrightarrow x \in EE^*. \end{array}\right.$

De même :

$py \in Ax \cap A^*$

$qy \in A^*x \cap A^*$

$$\Longrightarrow \quad \begin{cases} Ay \cap A = \emptyset \longrightarrow y \in EE \\ \text{ou} \\ A^*y \cap A = \emptyset \longrightarrow y \in E^*E \longrightarrow y^{-1} \in EE^*. \end{cases}$$

Donc, si $x, y^{-1} \notin EE^* \Longrightarrow$

$$\underbrace{y}_{EE} \cdot \underbrace{x}_{E^*E^*} \in EE^*$$

$$\Longrightarrow EE^* \neq \emptyset \quad \text{q.e.d.}$$

CHAPITRE VI

VARIETES DE DIMENSION 3 :

THEOREME DE KNESER-GRUSHKO-STALLINGS, LES TROIS THEOREMES DE PAPAKYRIAKOPOULOS, APPLICATIONS

1) Le lemme de Dehn : Soit M_3 une variété (différentiable, ou P.L.) de dimension 3, et ∂M_3 son bord (∂M_3 n'est pas supposé fermé et on peut avoir : $\partial\partial M_3 \neq \emptyset \neq \partial\partial M_3$).

Lemme de Dehn-loop thm.: "Soit $B_2 \subset \partial M_3$ une sous variété connexe de dimension 2, et

$$N \subset \pi_1 B_2$$

un sous groupe invariant tel que :

$$(\pi_1 B_2 - N) \cap \text{Ker}\,(\pi_1(B_2) \longrightarrow \pi_1(M_3)) \neq \emptyset .$$

Alors il existe un plongement lisse $\psi : D_2 \subset M_3$ t.q. $\psi D_2 \cap \partial M_3 = \psi \partial D_2 \subset B_2$, transversal à M_3, (un tel plongement sera dit propre), avec

$$[\psi \partial D_2] \in \pi_1 B_2 - N ."$$

Corollaire 1.- "Si $\text{Ker}\,(\pi_1 B_2 \longrightarrow \pi_1(M_3)) \neq 0$ il existe un disque plongé proprement $D_2 \subset M_3$, avec :

$$[\partial D_2] \neq 0 \in \pi_1 B_2 \text{"} \quad (\text{C'est le cas où } N = \{0\} .$$

<u>Corollaire 2</u>.- (Le Loop theorem de Papakyriakopoulos).

"Soit $B_2 \subset \partial M_3$ telle que

$$\mathrm{Ker}(\pi_1 B_2 \longrightarrow \pi_1 M_3) \neq 0 .$$

Alors, il existe un <u>plongement</u> (C^∞)

$$\varphi : S_1 \longrightarrow B_2$$

homotope à O dans M_3 mais <u>pas</u> dans B_2" .

<u>Corollaire 3</u>.- (Le lemme de Dehn (de Papakyriakopoulos)).

"Soit $\varphi : S_1 \longrightarrow \partial M_3$ un <u>plongement</u> (C^∞) , homotope à O (dans M_3)

Alors, φ s'étand à un plongement propre $\Phi : D_2 \longrightarrow M_3$ ".

<u>Exercice</u> : Soit $F : D_2 \longrightarrow M_3$ une application (C^∞, PL), telle que, pour un voisinage U de $S_2 = \partial D_2$ on ait :

$$\forall x \in U \quad , \quad F^{-1}F(x) = \{x\} .$$

Alors il existe un <u>plongement</u> (C^∞,PL)

$$G : D_2 \hookrightarrow M_3 \quad ,$$

t.q. $G | \partial D_2 = F | \partial D_2$.

<u>Exercice</u> : Peut-on imposer que les <u>germes</u> des F,G, le long de ∂D_2 soient les mêmes ?

[Le lemme de Dehn-loop thm. réunit donc deux théorèmes de Papakyriakopoulos : le lemme de Dehn et le "loop theorem" ; la présentation donnée içi est due à J. Stallings].

La démonstration sera formée de plusieurs étapes :

Lemme 1.- Soit $\alpha \in (\pi_1 B_2 - N) \cap \text{Ker}(\pi_1 B_2 \to \pi_1 M_3)$.

On note par $[\alpha]$ la classe de conjugaison de α .

Il existe une application C^{∞} :

$$\varphi : D_2 \longrightarrow M_3$$

t.q. $\varphi^{-1}(\partial M_3) = \partial D_2$, φ transversale à ∂M_3 , $\varphi(\partial D_2) \subset B_2$,

$[\varphi \mid \partial D_2] = [\alpha]$, avec la propriété suivante

i) Pour une certaine triangulation de D_2 , φ est simpliciale.

ii) Il existe un voisinage compact de $\varphi(D_2)$, sous-variété de $M_3 : V_3 \subset M_3$, t.q. V_3 soit un voisinage régulier de $\varphi(D_2)$ (Donc V_3 collapse sur $\varphi(D_2)$)."

[D'après Whitney (H. Whitney : Singularities of a smooth n-manifold in (2n - 1) space, Ann. of Math.45 (1944), pp. 247-253 ; voir aussi : L. Batude : Les singularités génériques des applications différentiables de la 2-sphère dans une 3-variété différentiable. Application à la dém. du thm. de la sphère Ann. de Fourier XXI (1971) pp.155-172), on peut s'arranger pour que

φ soit une immersion générique, sauf dans un nombre fini de points (intérieurs à D_2) où φ est la forme :

$$(x_1, x_2) \longrightarrow (x_1^2 , x_2, x_1 x_2)$$

(points fronce). A partir de là , φ se triangule à la main, e.a.d.s.].

Lemme 2.- "Soit W_3 une variété de dim.3 compacte, t.q. $H^1(W_3, Z/2Z) = O$ ($\Longleftrightarrow$ W_3 n'admet pas de revêtement à 2 feuillets).

Alors, chaque composante connexe de ∂W_3 est une 2-sphère".

[Puisque les coefficients sont dans un corps :

$$H_1(W_3, Z/2Z) = \text{Hom}\,(H^1(W_3, Z/2Z), Z/2Z) = 0 .$$

D'après la dualité de Poincaré :

$$H_2(W_3,\ \partial W_3\ ;\ Z/2Z) = H^1(W_3,\ Z/2Z) = 0 .$$

La suite exacte d'homologie de $(W_3\ ,\ \partial W_3)$ nous dit que : $H_1(\partial W_3,\ Z/2Z) = 0$, e.a.d.s.] .

Lemme 3.- Si l'on ajoute (à l'énoncé du lemme de Dehn-Loop theoren), l'hypothèse

(H) M_3 est compacte et n'admet pas de revêtement à 2feuillets" ,

alors le lemme de Dehn-loop theorem est vrai".

[D'après le lemme 2, ∂M_3 est une collection de sphères. Donc chaque cercle plongé :

$$S_1 \subset B_2 \subset \partial M_3$$

est le bord d'un disque plongé $D_2 \subset M_3$. D'autre part $\text{Ker}(\pi_1 B_2 \rightarrow \pi_1 M_3) = \pi_1 B_2$ et comme $\pi_1 B_2$ est engendré par des cercles plongés, il en existe au moins un dans $\pi_1 B_2 - N$].

Lemme 4.- (LA TOUR) "Soit X un complexe simplicial fini, connexe, avec $\pi_1 X = 0$. On se donne une application simpliciale

$f_0 : X \longrightarrow L_0$ et son image :

$$f_0(X) = K_0 \subset L_0 .$$

On considère un revêtement :

$$p_1 : L_1 \longrightarrow K_0 ,$$

un <u>relèvement</u> de f_o , $f_1 : X \longrightarrow L_1$ et son image $f_1(X) = K_1 \subset L_1$.

On considère un revêtement $p_2 : L_2 \longrightarrow K_1$, un relèvement de f_1 , $f_2 : X \longrightarrow L_2$, son image $f_2(X) = K_2 \subset L_2$, e.a.d.s.

On construit ainsi le diagramme suivant : (LA TOUR) :

$$\begin{array}{ccccc} X & \xrightarrow{\;f_{i+1}\;} & K_{i+1} & \subset & L_{i+1} \\ {\scriptstyle id}\downarrow & & & \swarrow{\scriptstyle p_{i+1}} & \\ X & \xrightarrow{\;f_i\;} & K_i & \subset & L_i \end{array}$$

$$\begin{array}{ccccc} X & \xrightarrow{\;f_1\;} & K_1 & \subset & L_1 \\ {\scriptstyle id}\downarrow & & & \swarrow{\scriptstyle p_1} & \\ X & \xrightarrow{\;f_o\;} & K_o & \subset & L_o \end{array}$$

Il existe un n t.q., pour $i > n$, p_i soit un <u>homéomorphisme</u> . (Donc la tour ne peut pas être continuée indéfiniment).

[En effet, on peut trianguler tous les K_i , L_i , f_i à la fois. On définit la <u>complexité de f_i</u> :

$\gamma(f_i)$ = (le nombre de simplexes de X) -

- (le nombre de simplexes de K_i) $\geqslant 0$

Si $\gamma(f_i) = \gamma(f_{i+1})$, le diagramme

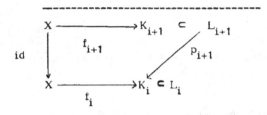

$$\begin{array}{ccc} & & K_{i+1} \\ & \overset{f_{i+1}}{\nearrow} & \Big\downarrow{\scriptstyle p_{i+1} | K_{i+1}} \\ X & \xrightarrow[f_i]{} & K_i \end{array}$$

nous dit que $p_{i+1} \mid K_{i+1}$ = identité

$\Longrightarrow$ le revêtement $p_{i+1} : L_{i+1} \longrightarrow K_i$ admet une section $\Longrightarrow$ le revêtement p_{i+1} est <u>trivial</u>.

Donc, tant qu'on ne rencontre pas de p_i trivial, on a :

$$\gamma(f_o) > \gamma(f_1) > \gamma(f_2) > \ldots \qquad \text{e.a.d.s.}] .$$

<u>Lemme 5</u>.- (LA DESCENTE)" Soit W_3 une variété de dimension 3 compacte, $B_2 \subset \partial W_3$, $p : W'_3 \longrightarrow W_3$ un revêtement <u>à 2 feuillets</u> , $B'_2 \subset \partial W'_3$ t.q. $p(B'_2) \subset B_2$ et

$$N \subset \pi_1 B_2$$

un sous-groupe invariant ($\Longrightarrow N' = p_*^{-1} N \subset \pi_1 B'_2$ est un sous-groupe invariant).

Supposons qu'il existe un plongement propre $(D_2, \partial D_2) \xrightarrow[\psi']{} (W'_3 , B'_2)$

t.q. : $$[\psi' \partial D_2] \in \pi_1 B'_2 - N' .$$

Alors, il existe un plongement propre

$$(D_2, \partial D_2) \xrightarrow[\psi]{} (W_3, B_2) ,$$

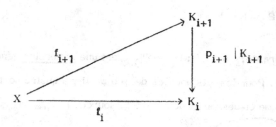

t.q. : $[\psi\, \partial D_2] \in \pi_1 B_2 - N$ ".

[Sans perte de généralité, $p \circ \psi' : D_2 \longrightarrow W_3$ est une <u>immersion</u> générique, propre, sans points triples. Pour les pts doubles de $p \circ \psi'$ il y a quatre sortes de composantes connexes, comme ci-dessous,(dessins à la source.)

I)

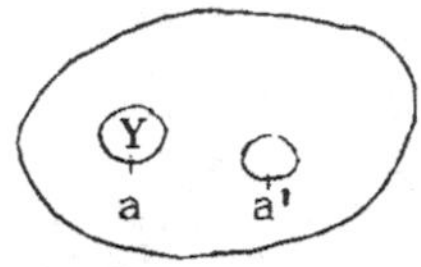

II)

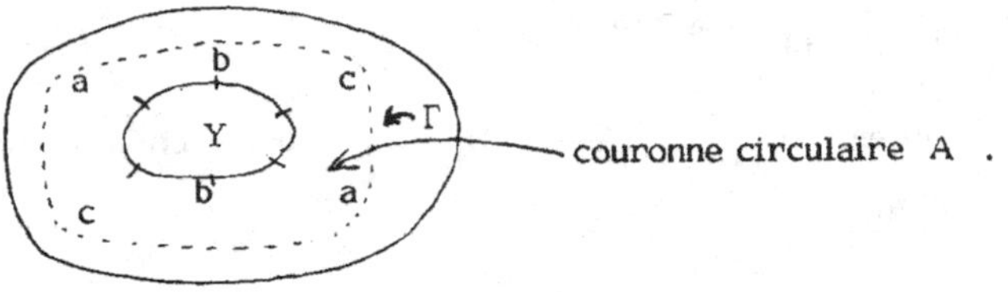

III)

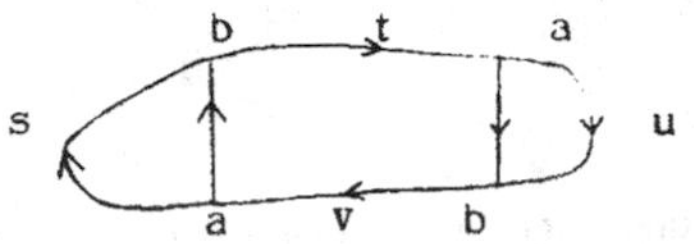

IV)

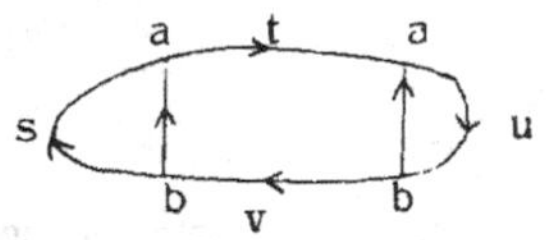

Dans chaque cas, on peut éliminer la composante respective ("procédé de coupure") sans détruire la propriété : $[p\,\psi'(\partial D_2)] \in \pi_1 B_2 - N$.

Dans le cas I) on fait l'opération représentée schématiquement ci-dessous et qui ne touche pas au bord : (dessin au but)

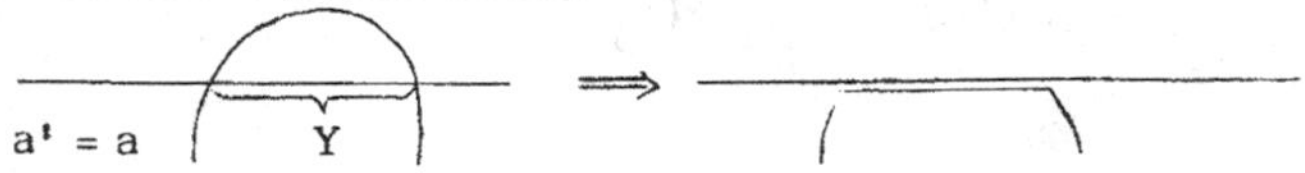

Cette opération diminue strictement les points doubles si le disque Y est minimal (ne contient pas de points doubles dans son intérieur).

Dans le cas II), si Y est minimal,

$$p\psi'(Y) = P_2 \subset W_3$$

où P_2 est le plan projectif ; en plus $P_2 \subset W_3$ admet un fibré normal trivial $P_2 \times [-1, +1] \subset W_3$. Pour le cercle Γ, on a :

$\Gamma \subset \partial(P_2 \times [-1,1])$ (voir la figure II) et Γ borde un 2-disque $\delta_2 \subset \partial(P_2 \times [-1,1])$:

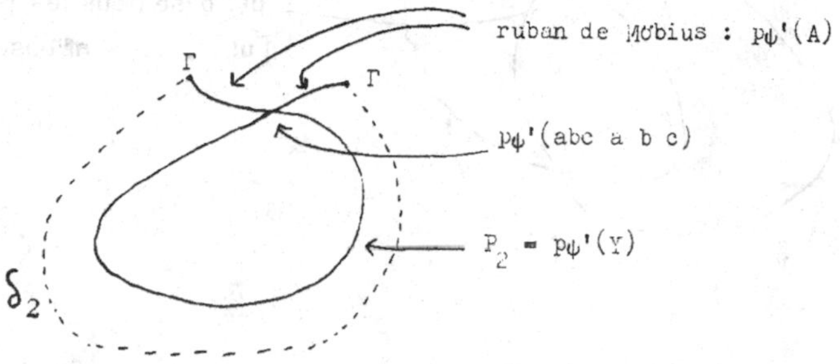

On change $p\psi'$ en remplaçant $p\psi'(A+Y)$ par δ_2 (ce qui ne touche pas au bord). Si Y est minimal, cette opération, aussi, décroit le nombre des points doubles .

Donc en appliquant les 2 procédés ci-dessus, successivement aux cercles minimaux on élimine toutes les composantes I, II.

Dans les cas III, IV on peut faire disparaître (au but) le segment ab, par une coupure, de deux manières différentes :

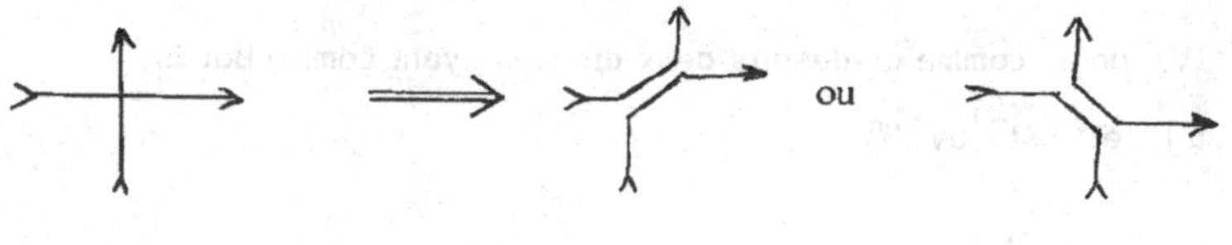

Dans le cas III, en utilisant les 2 manières de couper, on obtient deux disques singuliers propres strictement plus simples que $p\,\psi'(D_2)$, ayant, comme classes d'homotopie du bord (dans $\pi_1 B_2$) : $[su^{-1}]$ et $[svut]$ (produit de chemins ; chaque fois qu'on mettra un produit de chemins entre crochets $[\ldots]$, il s'entend que le chemin respectif est <u>fermé</u>, et qu'on prend sa classe d'homotopie).

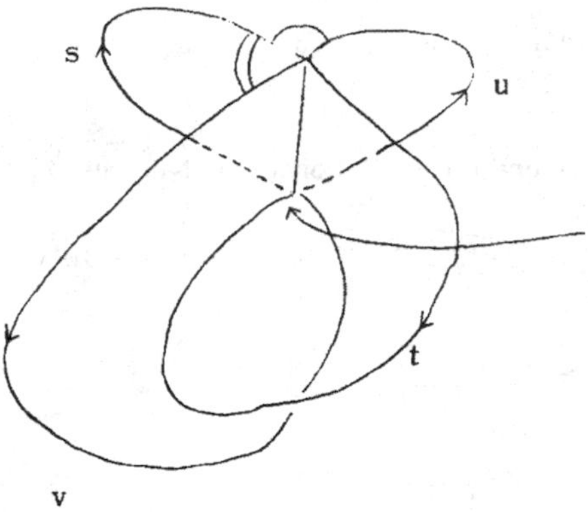

On a :

$$[p\,\psi'(\partial D_2)] = [stuv] =$$

$$= [su^{-1}].\,[ut][svut]\,[t^{-1}u^{-1}].\,[v^{-1}u^{-1}][su^{-1}]^{-1}\,[sv]$$

$\Longrightarrow$ si $[su^{-1}]$, $[svut] \in N$ alors il en résulterait que : $[p\,\psi'(\partial D_2)] \in N$ (c'est içi qu'on utilise le fait que N est <u>invariant</u>) ... e.a.d.s.

Dans le cas IV) on a, comme ci-dessus deux disques ayant comme bords, respectivement $[su]$ et $[st^{-1}uv^{-1}]$

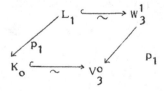

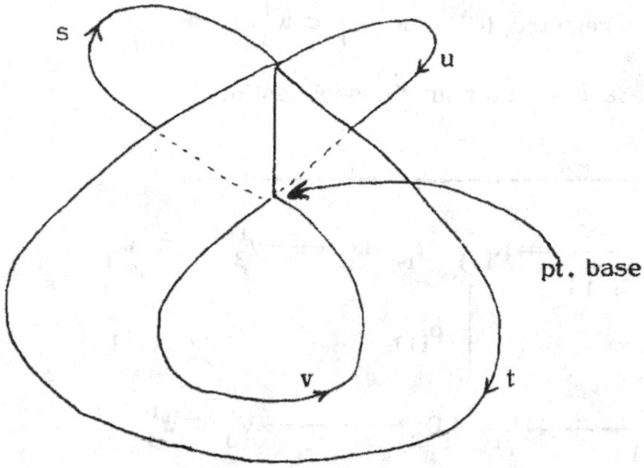

On a : $[stuv] = [su] . [u^{-1}tu] [\underbrace{(st^{-1}uv^{-1})^{-1}}_{vu^{-1}ts^{-1}} . (su)] [u^{-1}t^{-1}u]$ e.a.d.s.].

<u>Démonstration du lemme de DEHN-LOOP THM.</u>: On peut construire une TOUR comme dans le lemme 4 , avec les conditions suivantes :

$X = D_2$, $L_o = V_3^o = V_3 =$ voisinage régulier (C^{∞}) de $\varphi(D_2) \subset M_3$, $f_o = \varphi$, $(K_o = \varphi(D_2))$, <u>chaque p_i étant un revêtement à deux feuillets</u>. (φ est fourni par le lemme 1).

D'après le lemme 4 cette tour, <u>unique,</u> s'arrête après n pas, c'est-à-dire que K_n <u>ne possède pas de revêtement à 2 feuillets.</u>

Cette tour, une fois construite, peut être <u>lissée</u> de la manière suivante :

On a une inclusion-équivalence-d'homotopie $K_o \overset{\sim}{\hookrightarrow} V_3^o$, qui se relève en une inclusion - équivalence d'homotopie :

$$\begin{array}{ccc} L_1 & \overset{\sim}{\hookrightarrow} & W_3^1 \\ \downarrow p_1 & & \downarrow p_1 \\ K_o & \overset{\sim}{\hookrightarrow} & V_3^o \end{array}$$

On considère un voisinage régulier (C^{∞}) de $K_1 \subset W_3^1$:

$K_1 \overset{\sim}{\hookrightarrow} V_3^1 \subset W_3^1$ e.a.d.s. La tour "lissée" est donc :

$$\begin{array}{ccccc}
D_2 & \xrightarrow{\;f_{i+1}\;} & K_{i+1} = f_{i+1} D_2 & \overset{\sim}{\hookrightarrow} V_3^{i+1} & \subset W_3^{i+1} \\
\Big\downarrow \mathrm{id} & & \Big\downarrow p_{i+1} & & \swarrow p_{i+1} \\
D_2 & \xrightarrow{\;f_i\;} & K_i = f_i D_2 & \overset{\sim}{\hookrightarrow} V_3^{i} & \subset W_3^{i}
\end{array}$$

On suppose constamment que $V_3^i \subset W_3^i$ est construite de telle façon que :

$$f_i(\partial D_2) \subset \partial V_3^i \cap \partial W_3^i \quad .$$

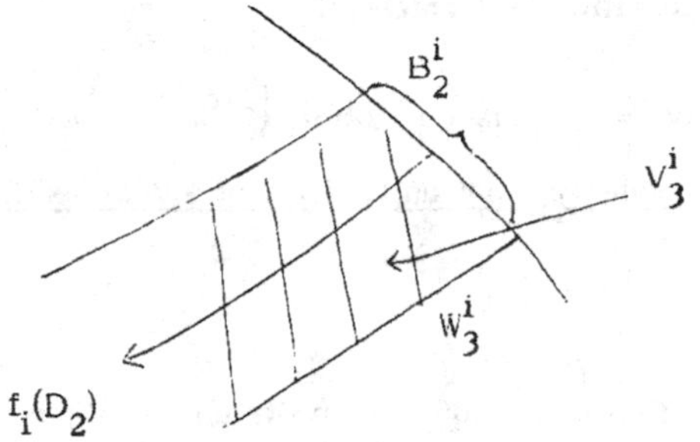

Soit $B^o \subset \partial V_3^o$ un voisinage régulier (C^{∞}), de $f_o(\partial D_2) = \varphi(\partial D_2) \subset \partial V_3^o$ (sans perte de généralité, $\varphi \mid \partial D_2$ est une imm. générique). B^o est une 2-variété connexe et compacte. Soit $i : B^o \hookrightarrow B_2$ l'inclusion naturelle et $N^o \subset \pi_1 B^o$ le sous groupe invariant :

$$N^o = i_*^{-1}(N) \quad .$$

Puisque

$$[\varphi(\partial D_2)] \in \pi_1 B_2 - N$$

$\Longrightarrow \pi_1 B^o - N^o \neq O$ (en fait$[f_o(\partial D_2)] \in \pi_1 B^o - N^o$).

Soit $B^1 \subset \partial V_3^1$ un voisinage régulier de $f_1(\partial D_2) \subset \partial V_3^1$. Sans perte de généralité : $B^1 \subset p_1^{-1}(B^o) \cap \partial V_3^1$.

On <u>définit</u> le sous groupe invariant :

$$N^1 = (p_1)_*^{-1} N^o \subset \pi_1 B^1 .$$

On a : $[f_1(\partial D_2)] \in \pi_1 B^1 - N^1 \neq O$.

De la même façon, on définit inductivement les 2-variétés compactes B^i et des sous-groupes invariants N^i :

$$\begin{array}{ccccc} f_i(\partial D_2) & \subset & B^i & \subset & \partial V_3^i \\ & & \downarrow{\scriptstyle p_i} & & \\ f_{i-1}(\partial D_2) & \subset & B^{i-1} & \subset & \partial V_3^{i-1} \end{array} \qquad \Bigg| \qquad \begin{array}{ccccc} (p_i)_*^{-1} N^{i-1} = & N^i & \subset & \pi_1 B^i \\ & \downarrow{\scriptstyle (p_i)_*} & & \downarrow{\scriptstyle (p_i)_*} \\ & N^{i-1} & \subset & \pi_1 B^{i-1} \end{array} .$$

(Sans perte de généralité :

$V_3^i \cap \partial W_3^i = B^i$, et on pensera à tout ceci comme étant un diagramme :

$$\begin{array}{ccccccccc} \partial D_2 & \xrightarrow{f_i \mid \partial D_2} & B^i & \subset & W_3^i & \supset & V_3^i & \xleftarrow{f_i} & D_2 \\ \downarrow{\scriptstyle id} & & \downarrow & & & \searrow{\scriptstyle p_i} & & & \downarrow{\scriptstyle id} \\ \partial D_2 & \xrightarrow{f_{i-1} \mid \partial D_2} & B^{i-1} & \subset & W_3^{i-1} & \supset & V_3^{i-1} & \xleftarrow{f_{i-1}} & D_2 \end{array} \quad).$$

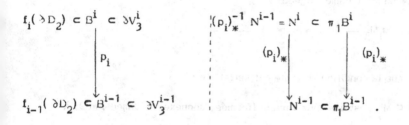

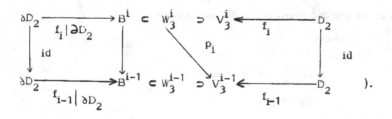

Puisque $V_3^n \sim K_n$ (équivalence d'homotopie) ne possède pas de revêtement à 2 feuillets, on peut appliquer le lemme 3, au cran n, ce qui nous fournit un plongement propre :

$$\psi_n : (D_2 , \partial D_2) \longrightarrow (V_3^n , B^n)$$

t.q. $\qquad [\psi_n(\partial D_2)] \in \pi_1 B^n - N^n$.

Le lemme de descente (lemme 5) nous permet de construire successivement, pour $n-1$, $n-2, \ldots, 1,0$ des plongements $\psi_{n-1}, \ldots, \psi_o$ analogues.

ψ_o est le ψ cherché !

2). Théorèmes de Kneser-Grushko-Stallings :

Théorème de Kneser-Grushko-Stallings (J. Stallings) :

"Soit M_3 une variété de dimension 3 (C^∞, PL,...) fermée, connexe, A,B deux groupes et Φ un morphisme surjectif :

$$\pi_1 M_3 \xrightarrow{\Phi} A * B \longrightarrow 0 \quad .$$

On suppose que la condition suivante est satisfaite :

xxx (Γ) Si $T_2 \subset M_3$ est une sous variété (fermée, connexe) de dimension 2, à fibré normal trivial, telle que : $\Gamma_1)$ $0 \rightarrow \pi_1 T_2 \longrightarrow \pi_1 M_3$ est exacte.

$$\Gamma_2) \quad \pi_1 T_2 \subset \operatorname{Ker} \Phi$$

$$\Longrightarrow \quad T_2 = S_2 \; (\longleftrightarrow \pi_1 T_2 = 0) \; . \qquad \text{xxx}$$

Alors, il existe une décomposition en somme connexe :

$M_3 = M_3^1 \underset{S_2}{\#} M_3^2$ telle que

$$\Phi \pi_1 M_3^1 = A \qquad \text{et}$$

$$\Phi \pi_1 M_3^2 = B \qquad . "$$

Corollaire 1.- ("Conjecture de Kneser")

"Soit M_3 comme ci-dessus et Φ un isomorphisme :

$$O \longrightarrow \pi_1 M_3 \xrightarrow{\Phi} A * B \longrightarrow O \quad .$$

Alors, il existe une décomposition en somme connexe $M_3 = M_3^1 \# M_3^2$ telle que :

$$O \longrightarrow \pi_1 M_3^1 \xrightarrow{\Phi} A \longrightarrow O \, .$$

$$O \longrightarrow \pi_1 M_3^2 \xrightarrow{\Phi} B \longrightarrow O \, ."$$

[En effet, puisque $\mathrm{Ker}\,\Phi = \{1\}$, la condition Γ) est trivialement satisfaite].

Corollaire 2.- (Théorème de Grushko).

"Soit F_p le groupe libre de rang p, $A_1, A_2, \ldots, A_n$ des groupes quelconques, et Φ un morphisme surjectif :

$$F_p \xrightarrow{\Phi} A_1 * A_2 * \ldots * A_n \longrightarrow O \quad .$$

Alors, il existe une décomposition en produit libre :

$F_p = F_{p_1} * \ldots * F_{p_n}$ $\quad (\sum_i p_i = p)$, telle que :

$$\Phi F_{p_i} = A_i \quad ."$$

[Par induction, on se ramène d'abord au cas n = 2 . On remarque que

$$F_p = \pi_1(p \# (S_1 \times S_2)) \, .$$

Si $T_2 \subset p \# (S_1 \times S_2)$ est une sous-variété fermée (de dim.2) dont le π_1 s'injecte dans $\pi_1(p \# (S_1 \times S_2))$, $\Longrightarrow \pi_1 T_2 = \text{libre} \Longrightarrow T_2 = S_2$. Donc la condition (Γ) est satisfaite !].

Corollaires du théorème de Grushko .

A) Soit rg G le nombre minimum de générateurs du groupe G . Alors :

$$rg(A_1 * \ldots * A_n) = \sum_{i=1}^{n} rg\, A_i \ .$$

B) Si F,G sont libres du même rang : $rgF = rg\,G = n < \infty$ et si $\varphi : F \longrightarrow G$ est un épimorphisme, φ est un isomorphisme.

C) Si F est libre de rang n et $a_1, \ldots, a_n \in F$ engendrent F, $(a_1, \ldots, a_n)$ forment une base libre de F .

3). (Rappels sur la) Chirurgie plongée : Soit W_{n-1} une variété C^{∞} fermée de W_n un cobordisme élémentaire d'indice λ .

$W_n = (W_{n-1} \times [0,1]) +$ (une anse d'indice λ) tel que :

$$\partial W_n = \underbrace{W_{n-1} \times 0}_{W'_{n-1}} + W''_{n-1}$$

(Il existe donc une fonction C^{∞} :

$$\Phi : W_n \longrightarrow [0,1] \ ,$$

telle que $\Phi^{-1}(0) = W'_{n-1}$, $\Phi^{-1}(1) = W''_{n-1}$, ayant un seul point critique, non dégénéré, au voisinage duquel Φ s'écrit :

$$\frac{1}{2} - x_1^2 - x_2^2 \ \ldots \ - x_\lambda^2 + x_{\lambda+1}^2 + \ldots + x_n^2) \ .$$

Si W_n est une sous-variété de V_n , on dira qu'on passe de la sous-variété $W'_{n-1} \subset V_n$ à la sous-variété $W''_{n-1} \subset V_n$ par une opération de chirurgie élémentaire (ou modification sphérique) d'indice λ . Du point de vue pratique toute la situation est déterminée par la donnée de la sous variété à fibré normal trivial $W'_{n-1} \subset V$ et par l'<u>âme</u> de l'anse, c'est-à-dire d'un plongement propre :

$$(*) \qquad (D_\lambda , \partial D_\lambda) \hookrightarrow (V_n , W'_{n-1}) \ .$$

$(D_\lambda - \partial D_\lambda \subset V_n - W'_{n-1}$ et D_λ est transversal à $W'_{n-1})$.

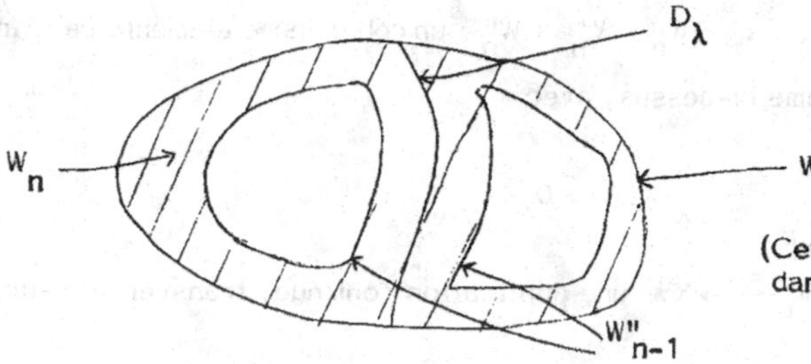

(Cette figure est plongée dans V_n)

Soit (X,A) une paire d'espaces topologiques connexes, telle que A soit <u>bicoloré</u> (on a donc un ouvert $A \times (-1,1) \subset X$ avec $A \cong A \times 0$).

Soit $\check{X}$ l'<u>éclatement</u> de X le long de A et $A_1 , A_2 \subset \check{X}$ les deux relèvements de A dans X .

$\check{X}$ est connexe, ou possède exactement deux composantes connexes $X_1 \supset A_1$, $X_2 \supset A_2$. On écrira π_i $(\check{X},A) = 0$ au lieu de $\pi_i(\check{X},A_1) = \pi_i(\check{X},A_2) = 0$ (dans le cas connexe) ou $\pi_i(X_1,A_1) = \pi_i(X_2,A_2) = 0$ (dans le cas non-connexe).

Une application $f : V_n \longrightarrow X$ est dite <u>transversale</u> sur A , si

$$V_n \supset \underbrace{f^{-1}(A \times (-1,1))}_{\text{ouvert (donc variété } C^\infty)} \xrightarrow[f]{} A \times (-1,1) \longrightarrow (-1,1)$$

est de classe C^∞ et admet 0 comme valeur régulière.

Si c'est le cas, $f^{-1}(A) \subset V_n$ est une sous-variété (fermée) de codimension 1, munie d'un voisinage tubulaire trivial, compatible avec le bicolorage $A \times (-1,1)$. Enfin, si $g : V_n \longrightarrow X$, quelconque, est donnée, on peut toujours par une petite homotopie le rendre transversale sur A (approximation C^∞ et théorème de Sard).

Lemme 1.- (Lemme de la chirurgie plongée).

"Soit $W_n \subset V_n$, $\partial W_n = W'_n + W''_n$ un cobordisme élémentaire d'indice λ, et (X,A) une paire comme ci-dessus, avec

$$\pi_\lambda(\check{X},A) = 0 .$$

Soit, aussi, $f : V_n \longrightarrow X$ une application continue, transversale sur A, telle que

$$f^{-1}A = W'_{n-1} .$$

Il existe, alors, une application continue $g : V_n \longrightarrow X$, homotope à f, transversale sur A, et telle que $g^{-1}A = W''_{n-1}$ ".

Démonstration : Je rappelle qu'une paire d'espaces topologiques (K,L) est une cofibration, si chaque application continue

$$K \times [0,1] \supset (K \times 0) \cup (L \times [0,1]) \xrightarrow[\psi]{} T$$

se prolonge à $K \times [0,1]$. (exemple classique : K = complexe simplicial, L = sous complexe).

Si l'on considère le plongement (*) $(D_\lambda , \partial D_\lambda) \hookrightarrow (V_n , W'_{n-1})$ qui définit le cobordisme élémentaire $W_n \subset V_n$, alors la paire

$$(V_n , W'_{n-1} \cup D_\lambda)$$

est une cofibration. (exercice facile : on construit des voisinages tubulaires, e.a.d.s.).

Puisque $f^{-1}A = W'_{n-1}$, $f(\mathring{D}_\lambda) \cap A = \emptyset$, donc $f \mid D_\lambda$ se relève dans $\check{X}$: (Si X n'est pas connexe, $f(D_\lambda) \subset X_i$ pour un $i = 1,2$).

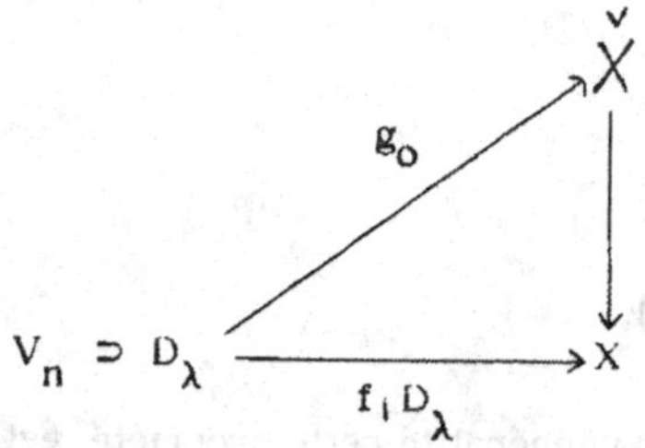

Il existe une homotopie $g_t : D_\lambda \twoheadrightarrow \check{X}$, rel ∂D_λ , telle que $g_1(D_\lambda) \subset A \times (-1,1)$. Puisqu'on travaille dans $\check{X}$, on peut imposer que $g_t(\mathring{D}_\lambda) \cap A = \emptyset$ et que le germe de g_t le long de ∂D_λ reste tout le temps le même.

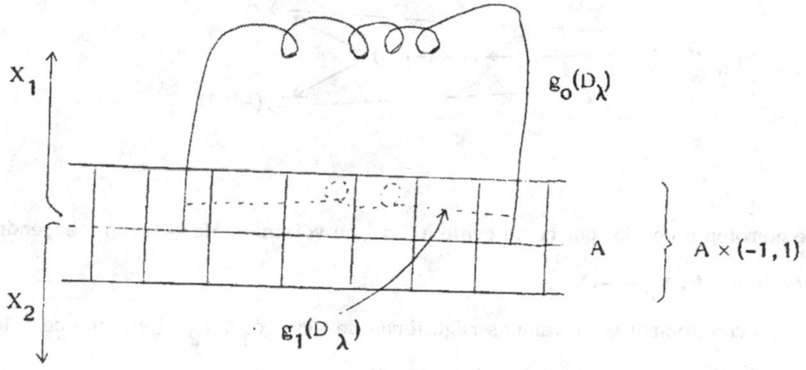

De la propriété de cofibration de $(V_n, W'_{n-1} \cup D_\lambda)$ on déduit l'existance d'une homotopie

$$f_t : V_n \longrightarrow X \quad (t \in [0,1]) ,$$

telle que : a) $f_o = f$ et f_t est transversale à A .

b) $f_t^{-1} A = W'_{n-1}$ et dans un petit voisinage de W'_{n-1} , f_t est indépendant de t

c) $f_t \mid D_\lambda = g_t$.

On est donc ramené à la situation

$$f_1 W_n \subset A \times (-1,1),$$

et par un changement de notation, sans perte de généralité cette propriété est déjà satisfaite pour notre f initial.

Soit $V_n \supset U_n$ = l'ouvert $f^{-1}(A \times (-1,1))$.

On a :

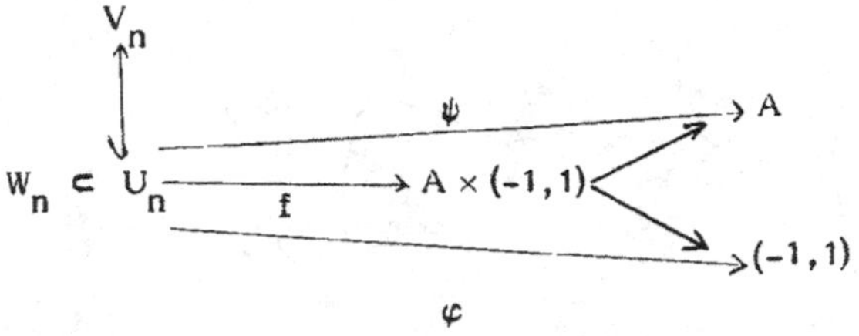

Toute homotopie de φ qui reste égale à φ au voisinage de $-1, +1$ engendre une homotopie de $f : V_n \longrightarrow X$.

En choisissant deux valeurs régulières de φ : c_1 , c_2 (proches de $-1,1$), on réduit notre lemme de chirurgie à la proposition suivante :

<u>Proposition</u>.- "Soit $(U_n , U'_{n-1}, U''_{n-1})$ un cobordisme et

$$\varphi : U_n \longrightarrow [c_1 , c_2] \ni 0$$

une application C^∞ , telle que :

a) $\varphi^{-1}(c_1) = U'_{n-1}$, $\varphi^{-1}(c_2) = U''_{n-1}$ et c_1 , c_2 sont des valeurs régulières.

b) o est valeur régulière et

$$\varphi^{-1}(o) = W'_{n-1} \subset \text{int } U_n .$$

On se donne un cobordisme plongé :

$$(W_n, W'_{n-1}, W''_{n-1}) \hookrightarrow \text{Int } U_n .$$

Il existe une homotopie φ_t ($\varphi_o = \varphi$) telle que $\varphi_t \mid \partial U_n \equiv \varphi$, O est valeur régulière de φ_1 et $\varphi_1^{-1}(o) = W''_{n-1}$.

La proposition se démontre comme suit :

On choisit une fonction (de Morse, si l'on veut)

$$\Phi : (W_n, W'_{n-1}, W''_{n-1}) \to ([O,1], O, 1) ,$$

ce qui nous permet de plonger "canoniquement"

$$W_n \hookrightarrow U_n \times [O,1] .$$

($W'_{n-1} \subset U_n \times O$, $W''_{n-1} \subset U_n \times 1$) . Ce plongement est transversal à $U_n \times o$, $U_n \times 1 \subset \partial(U_n \times [O,1])$ et possède un fibré normal trivial :

$$[-\varepsilon, \varepsilon] \times W_n \subset U_n \times [O,1].$$

En fait W_n sépare $U_n \times [O,1]$. Sur $(U_n \times O) \cup (\partial U_n \times [O,1]) \cup ([-\varepsilon,\varepsilon] \times W_n)$ on définit une application ψ, à valeurs dans $[c_1, c_2]$, par : $\psi \mid U_n \times O = \varphi$, $\psi(U'_n \times [O,1]) = c_1$, $\psi(U''_n \times [O,1]) = c_2$, et :

$$\underbrace{[-\varepsilon,\varepsilon] \times W_n \longrightarrow [-\varepsilon,\varepsilon]}_{\psi} \subset [c_1, c_2] .$$

Ensuite on applique Tietze aux deux morceaux de $U_n \times [O,1] - (]-\varepsilon,\varepsilon[\times W_n)$

et à $[c_1,-\varepsilon]$, $[\varepsilon,c_2]$.

Ceci finit la démonstration du lemme de la chirurgie plongée.

VARIANTE DU LEMME DE CHIRURGIE PLONGEE :

"Soit $f:V_n \to X$ transversale à A, $f^{-1}A = W'_{n-1}$ et un cobordisme élémentaire (dans V_n), donné par :

$$(D_\lambda,\partial D_\lambda) \hookrightarrow (V_n,W'_{n-1}).$$

Supposons que l'application :

$$g_o = f:(D_\lambda,\partial D_\lambda) \to (\check{X},A)$$

est homotope à 0 (dans $\pi_\lambda(\check{X},A)$).

Alors, il existe $g:V_n \to X$, homotope à f, transversale à A, et telle que $g^{-1}A = W''_{n-1}$."

On va étudier de plus près le cas $n = 3$, $\lambda = 2$. Donc nos $W'_{n-1},\ldots$ seront des <u>surfaces</u> fermées, pas nécessairement connexes $T \subset V_3$, à fibré normal trivial. Quand on va considérer :

(*) $$(D_2,\partial D_2) \hookrightarrow (V_3,T),$$

T sera, forcément orientable le long de ∂D_2.

Soit $T = \bigcup T_i$ la décomposition en composantes connexes et $\chi(T_i)$ la caractéristique eulérienne :

$$\chi(T_i) = \alpha_o-\alpha_1+\alpha_2 \;.$$

(Donc $\chi(T_i) \leqslant 2$ et $\chi(T_i) = 2 \Longleftrightarrow T_i = S_2$).

Par définition :

$$\boxed{\rho(T) = \Sigma(2-\chi(T_i))^2}$$

est la <u>complexité de</u> $T(\rho(T)$ mesure la différence entre T et une collection de sphères).

Considérons la modification sphérique d'indice 2, de T, définie par (*). Si

$$\partial D_2 \not\sim 0 \ (T)$$

(∂D_2 pas homotope à 0 dans T), on dira que la modification sphérique respective est une réduction.

Lemme 2.- "Si $T \Longrightarrow T'$ est une réduction, alors :

$$\rho(T') < \rho(T) ."$$

Démonstration : La modification sphérique remplace un anneau $(S_2 \times I)$ par deux disques. En regardant la figure ci-dessous, on voit que l'on perd une arrête et l'on gagne une 2-cellule).

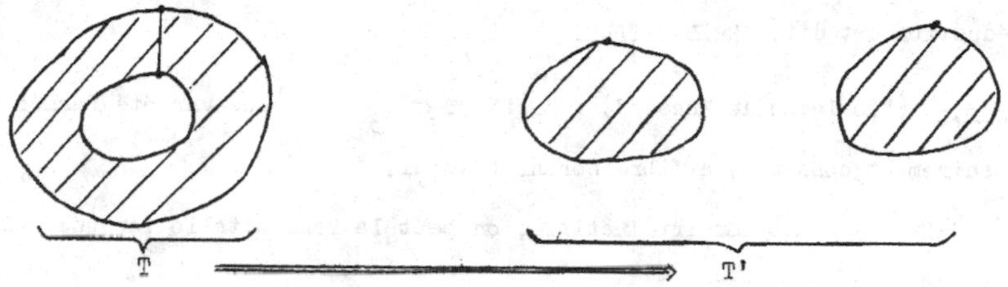

Cas 1° : Le nombre de composantes connexes reste inchangé (donc, sans perte de généralité, on peut supposer que T,T' sont connexes). Si χ, χ' sont les caractéristiques eulériennes respectives, on a :

$$0 \leqslant 2-\chi = 2+\alpha_1-\alpha_0-\alpha_2$$

$$0 \leqslant 2-\chi' = 2+\underbrace{(\alpha_1-1)}_{\alpha'_1}-\alpha_0-\underbrace{(\alpha_2+1)}_{\alpha'_2} = (2-\chi)-2 < 2-\chi$$

Donc : $(2-\chi')^2 < (2-\chi)^2$, e.a.d.s.

Cas 2° : ∂D_2 disconnecte T. Sans perte de généralité, on a deux variétés (fermées) connexes T'_1, T'_2, et :

$$T = T'_1 \# T'_2 \quad \text{(somme connexe)}$$

$$T' = T'_1 \cup T'_2 \quad \text{(somme disjointe).}$$

Donc :

$$\chi = \chi(T) = \underbrace{\chi(T_1'-pt)}_{(\chi_1'-1)} + \underbrace{\chi(T_2'-pt)}_{(\chi_2'-1)} - \underbrace{\chi(S_1)}_{0} = (\chi_1'-1) + (\chi_2'-1)$$

$$\Longrightarrow (2-\chi) = (2-\chi_1') + (2-\chi_2').$$

Puisque $[\partial D_2] \neq 0$, on a $T_1', T_2' \neq S_2$, donc :

$$2-\chi_1',\ 2-\chi_2' > 0$$

$$\Longrightarrow (2-\chi)^2 > (2-\chi_1')^2 + (2-\chi_2')^2, \quad \text{e.a.d.s.}$$

Une sous-variété $T \subset V_3$ (fermée, à fibré normal trivial) qui ne possède pas de réduction est dite IRREDUCTIBLE.

Lemme 3.- ("Le lemme de Kneser") : "Soit $T \subset V_3$ une sous-variété fermée (pas nécessairement connexe), à fibré normal trivial.

a) Si T n'est pas irréductible, on peut la rendre telle par une suite finie de réductions.

b) T est irréductible $\Longleftrightarrow \forall T_i$, composante connexe de T, la suite

$$0 \to \pi_1 T_i \to \pi_1 V_3$$

est exacte".

Démonstration : a) résulte automatiquement du lemme précédent.

b) $\Longleftarrow$ est évidente. Supposons donc que T est irréductible, mais qu'il existe une application

$$f:(D_2,\partial D_2) \to (V_3,T_i)$$

telle que $[f\partial D_2] \neq 0$ (T_i). On va montrer que ceci impliquerait l'existence d'une réduction. (Contradiction).

Sans perte de généralité f est transversale à T (en particulier le germe de f le long de ∂D_2 est transversal à T_i ; Ceci résulte du fait que T possède un fibré normal trivial.)

On a donc :

$f^{-1}(T) = \partial D_2$ + (des composantes connexes qui sont des cercles plongés dans D_2, 2-à-2 disjoints). Soit $C \subset f^{-1}(T)$ une composante connexe minimale. (Ce qui veut dire que le disque $\Delta_2 \subset D_2$, de bord C ne contient pas d'autres composantes de $f^{-1}T$). Disons que :

$$fC \subset T_j \subset T.$$

Deux choses peuvent arriver :

b-1) $[fC] \sim 0$ (dans T_j). Dans ce cas, en remplaçant $f\Delta_2$ par le disque (singulier) bordé par fC dans T_j, et en poussant un peu du bon côté pour détacher ce disque de T_j (ici on utilise la trivialité du fibré normal), on obtient une autre application $g:D_2 \to V_3$, telle que $g|\partial D_2 = f|\partial D_2$, g transversale à T, et $g^{-1}T$ avec moins de composantes connexes que f.

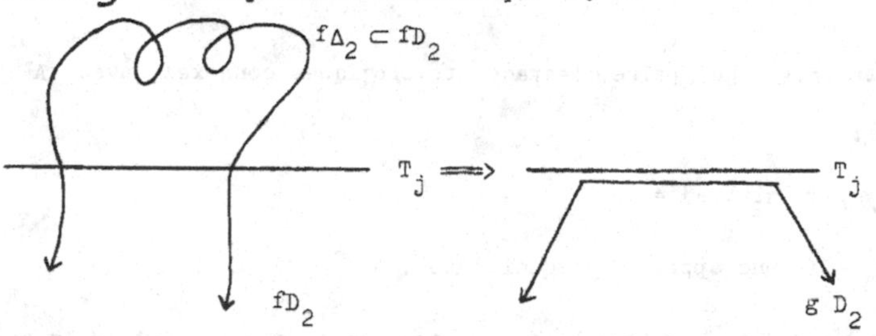

b-2) $[fC] \not\sim 0$ (dans T_j). On peut faire éclater V_3 le long de T_j : $\check{V}_3 \to V_3$. T_j se relève en deux exemplaires $T'_j, T''_j \subset \partial\check{V}_3$. Disons que T'_j est celui qui correspond au côté de T_j touché par $f\Delta_2$. La minimalité de $\partial\Delta_2 = C$ fait que $f|\Delta_2$ se relève aussi dans $\check{V}_3$:

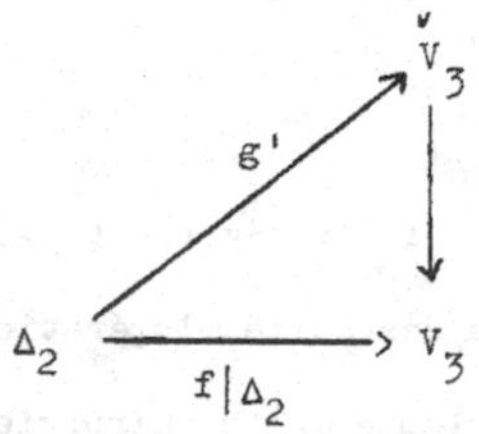

($g'\partial\Delta_2 \subset T'_j$). Le lemme de Dehn-loop thm, nous dit qu'il existe un plongement

$$(\Delta_2, \partial\Delta_2) \underset{g}{\hookrightarrow} (\check{V}_3, T'_j)$$

tel que $[g\partial\Delta_2] \not\subset O(T'_j)$. Ce plongement pourrait être utilisé dans V_3, pour réduire T_j (donc T). Donc, puisque T est supposée irréductible, la situation b-2) ne peut pas arriver.

Mais si c'est seulement la situation b-1) qui arrive, on peut changer f en f_1 (sans toucher à son bord) de telle manière que :

$$f_1(\overset{\circ}{D}_2) \cap T = \emptyset.$$

Puisque $[f_1\partial D_2] = [f\partial D_2]$ est supposé $\not\subset O(T)$ ceci nous ramène, de nouveau à un cas comme b-2), donc impossible.

$\Longrightarrow \pi_1 T$ s'injecte dans $\pi_1 V_3$.

Lemme 4.- "Soit (X,A) une paire d'espaces topologiques connexes, avec A bicoloré, telle que :

$$\pi_2(\check{X}, A) = 0.$$

Soit $f: V_3 \to X$ une application quelconque.

i) $\exists\, g: V_3 \to X$, g homotope à f, g transversale à A, et telle que $g^{-1}A$ soit irréductible.

ii) Soit $g^{-1}A = T = \cup T_i$.

Supposons aussi que :

$$0 \to \pi_1 V_3 \xrightarrow[f_*]{} \pi_1 X \quad \text{est exacte.}$$

$$\Longrightarrow \quad 0 \to \pi_1 T'_i \xrightarrow[g_*]{} \pi_1 A \quad \text{est exacte"}$$

Démonstration : 1) On commence par rendre f transverse à A. La première partie du lemme de Kneser nous dit qu'il existe une suite d'opérations de réduction dans V_3 qui rendent $f^{-1}A$ irréductible. Le lemme de la chirurgie plongée nous dit que ces réductions (qui existent, a priori, dans V_3, seulement) sont géométriquement réalisables en homotopant $V_3 \xrightarrow[f]{} X$.

2) On a un diagramme commutatif :

$$\begin{array}{ccc} \pi_1 V_3 & \xrightarrow{\ \alpha\ } & \pi_1 X \\ \uparrow \beta & & \uparrow \delta \\ \pi_1 T_i & \xrightarrow[\ \gamma\ ]{} & \pi_1 A \end{array}$$

Par hypothèse $\alpha = f_* \simeq g_*$ est injective. La seconde partie du lemme de Kneser nous dit que β est injective $\Longrightarrow$ γ est injective aussi.

4) <u>Démonstration du théorème de Kneser-Grushko-Stallings</u> : (J.Stallings). On peut réaliser l'espace

$$K(A * B,1) = K(A,1) \vee K(B,1)$$

en joignant les points base de $K(A,1)$, $K(B,1)$ par un intervalle $[-1,1] \ni 0$. Si l'on considère la paire $(X,Y) = (K(A * B,1), \{0\})$, le sous-ensemble $\{0\}$ est, naturellement, <u>bicoloré</u>. D'autre part :

$$\pi_\lambda(\check{X},Y) = 0 \quad \text{si} \quad \lambda > 1.$$

La théorie des obstructions nous dit que :

$$\mathrm{Hom}(\pi_1 M_3, A * B) = [M_3, K(A * B,1)].$$

(classes d'homotopie pointée).

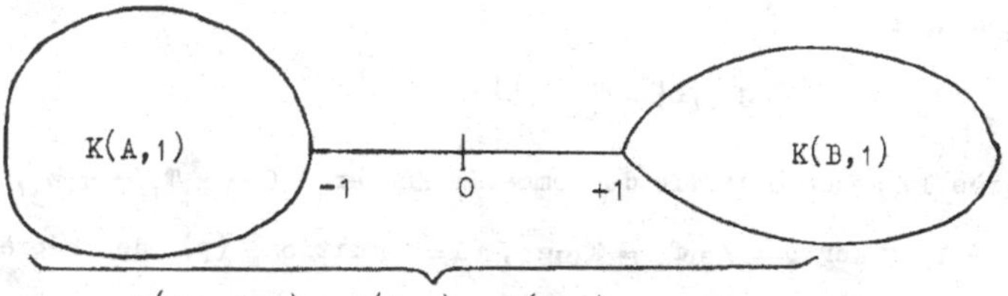

$K(A * B,1) = K(A,1) \vee K(B,1)$.

Il existe donc un

$$f : M_3 \to K(A,1) \vee K(B,1)$$

tel que $f_* = \Phi$ (On choisit 0 comme point base de $K(A,1) \vee K(B,1)$).

Le théorème de Kneser-Grushko-Stallings résulte du théorème suivant (en fait est équivalent au théorème suivant).

<u>THEOREME DE "SPLITTING"</u> : Dans les conditions du théorème de Kneser-Grushko-Stallings il existe une application :

$$g: M_3 \to K(A,1) \vee K(B,1),$$

homotope à f (par une homotopie respectant les points-bases), telle que :

1) g est transversale à $\{0\}$.

2) $g^{-1}\{0\}$ = une sphère S_2 qui induit une décomposition en somme connexe :

$$M_3 = M_3^1 \# M_3^2$$

3) $\Phi \pi_1 M_3^1 = A$, $\Phi \pi_1 M_3^2 = B$. $(\Phi = g_* = f_*)$ ".

<u>Démonstration</u> : Sans <u>aucune</u> hypothèse sur $\Phi = f_*$, f est homotope (rel. le point base) à une application $f_1: M_3 \to K(A,1) \vee K(B,1)$, transversale à $\{0\}$, telle que $g^{-1}\{0\}$ soit irréductible. [En effet, par une première homotopie (rel. le point-base) on rend f transversale. Ensuite on réduit $f^{-1}\{0\}$ (qui contient le point base de M_3), par des 2-disques (comme dans la première partie du lemme de Kneser, en prenant la précaution que ces 2-disques ne touchent <u>pas</u> au point-base). Le lemme de la chirurgie plongée nous permet de réaliser ces réductions par une homotopie <u>basique</u>].

Soit donc :

$$g^{-1}\{0\} = T = \bigcup T_i.$$

D'après la seconde partie du lemme de Kneser $0 \to \pi_1 T_i \to \pi_1 M_3$, et comme clairement $\pi_1 T_i \subset \operatorname{Ker} \Phi = \operatorname{Ker} f_* = \operatorname{Ker} g_*$, la condition (Γ) du théorème de Kneser-Grushko-Stallings nous dit que

$$\forall i, \quad T_i = S_2.$$

Si T était connexe la démonstration serait terminée. (Puisque $\{0\}$ sépare $K(A,1) \vee K(B,1)$, $g^{-1}\{0\} = T = S_2$ est obligée de <u>séparer</u> M_3, en

$g^{-1}K(A,1)$, $g^{-1}K(B,1)$, donc

$$M_3 = g^{-1}K(A,1) \bigcup_{S_2} g^{-1}K(B,1)$$

$$= \text{somme connexe } \underbrace{(g^{-1}K(A,1) \cup D_3)}_{M_3^1} \# \underbrace{(g^{-1}K(B,1) \cup D_3)}_{M_3^2}$$

e.a.d.s.).

Le cas T non-connexe se traite par l'astuce du "binding tie", (dûe à Stallings), que voici.

Soient T_1, T_2 deux composantes connexes distinctes de T (Disons que $x_0 \in T_1$).

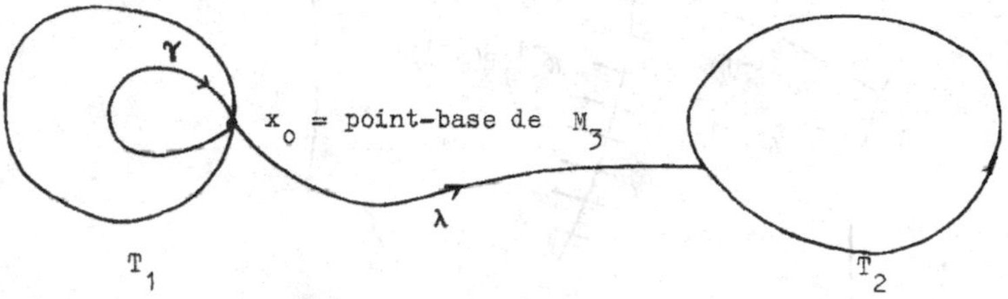

(ce dessin est à la source, M_3).

On peut les joindre par un chemin λ de M_3, partant de $x_0 \in T_1$. $g(\lambda)$ est un lacet de $K(A,1) \vee K(B,1)$.

Puisque $\Phi = g_*$ est surjectif, il existe un lacet γ de M_3, basé en x_0, tel que :

$$g_*[\gamma] = [g(\lambda)] \in A * B = \pi_1(K(A,1) \vee K(B,1)).$$

On peut donc joindre T_1 et T_2 par le chemin $\mu = \gamma^{-1}\lambda$ (de M_3) tel que le lacet $g(\mu)$ (de $K(A,1) \vee K(B,1)$), possède la propriété :

$$[g(\mu)] = 1 \in A * B = \pi_1(K(A,1) \vee K(B,1)).$$

Sans perte de généralité μ est transversale à T, on peut donc l'écrire comme :

$$\mu = \mu_1\mu_2 \dots \mu_k \quad \text{(somme de chemins)}$$

où chaque μ_i ne touche T que par ses extrémités. Donc :

$$\mu_i \subset \begin{cases} g^{-1}\ K(A,1) \\ \qquad\qquad \text{ou} \\ g^{-1}\ K(B,1) \end{cases}$$

$\Longrightarrow g\mu_i$ est un <u>lacet</u> de $K(A,1)$ (ou de $K(B,1)$).

Disons que μ_i commence dans la composante T^i et finit dans la composante T^{i+1} ($T^1 = T_1$, $T^{k+1} = T_2$).

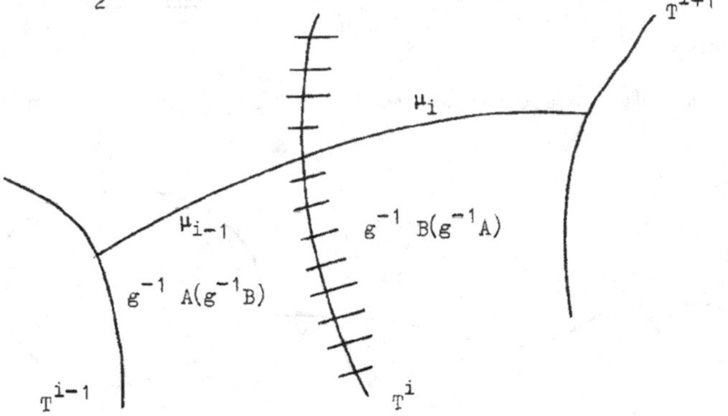

(ce dessin est à la source, M_3).

Supposons que μ_i soit tel que :

a) $T^i = T^{i+1}$.

b) $[g\mu_i] = 1 \in A\ (B)$.

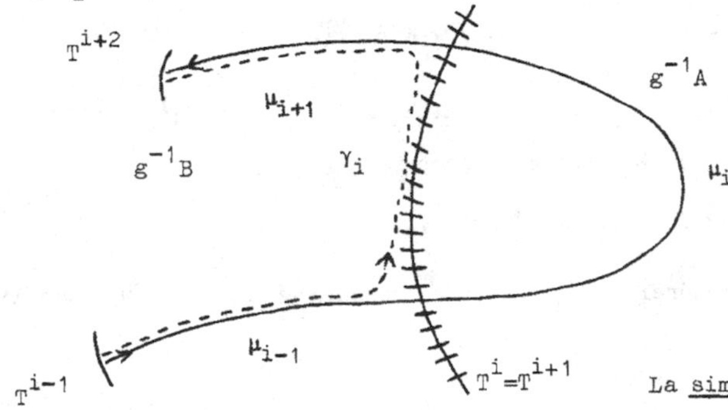

La <u>simplification</u> de μ.

Alors, on peut remplacer dans μ le morceau $\mu_{i-1}\mu_i\mu_{i+1}$, par le morceau $\gamma_i \sim \mu_{i-1}\mu_{i+1}$ (dessiné en pointillé dans la figure ci-dessus) ; de cette façon on n'a pas changé les extrémités de μ, ni la classe d'homotopie $[g\mu] = 1 \in A * B$, mais on a réduit le nombre des intersections avec T.

On peut donc supposer, sans perdre la généralité, que chaque μ_i tel que $T^i = T^{i+1}$ possède la propriété :

$$[g\mu_i] \neq 1 \in A(B).$$

D'autre part, si tous les $[g\mu_i] \neq 1 \in A(B)$ alors :

$$[g\mu_1][g\mu_2]\dots[g\mu_k] \in A * B$$

serait une écriture réduite de $1 = [g\mu]$ (car $[g\mu_i] \in A(B) \Longleftrightarrow [g\mu_{i+1}] \in B(A)$).

Comme ceci serait en contradiction avec le théorème de structure de van der Waerden, on en déduit l'existence d'un μ_i tel que

$$[g\mu_i] = 1 \in A(B).$$

D'après ce que l'on vient de dire μ_i joint deux composantes <u>différentes</u> $T^i \neq T^{i+1}$, de T.

On peut prendre pour μ_i un plongement, et si l'on considère le cobordisme élémentaire (d'indice 1) défini par :

$$(\mu_i, \partial\mu_i) \hookrightarrow (V_3, T),$$

ce cobordisme définit la modification sphérique :

$$T \supset \underbrace{T^i}_{S_2} \cup \underbrace{T^{i+1}}_{S_2} \Longrightarrow \underbrace{T^i \# T^{i+1}}_{S_2} \subset T'.$$

Donc T' sera aussi une réunion de sphères avec une sphère de moins que T.

Vu que $[g\mu_i] = 1$, la variante du lemme de chirurgie plongée permet de réaliser cette modification par une homotopie de g.

Après un nombre fini de pas on arrive ainsi à un $g \sim f$ tel que $g^{-1}\{0\} = S_2$.

5) Le "sphere theorem" de Papakyriakopoulos par la méthode de Stallings. (En utilisant la structure des groupes G avec $bG \geqslant 2$).

THEOREME DE LA SPHERE (FORME SPECIALE) : "Soit V_3 une variété de dimension 3 (quelconque), telle que :

$$\pi_2 V_3 \neq 0.$$

Il existe un plongement C^∞ : $f:T \to V_3$ tel que :

1) $T = S_2$ ou P_2 (le plan projectif).

2) fT est une sous-variété à fibré normal trivial.

3) Si $u \in \pi_2 T = Z$ est le générateur, $\pi_2 V_3 \ni f_* u \neq 0$".

FORME GENERALE DU THEOREME DE LA SPHERE : Soit $N \subset \pi_2 V_3$ un $\pi_1 V_3$-module tel que $\pi_2 V_3 - N \neq \emptyset$. Alors, il existe un plongement C^∞, comme ci-dessus :

$$f:T \hookrightarrow V_3,$$

tel que $f_* u \in \pi_2 V_3 - N$.

Corollaire.- "Dans les mêmes conditions que ci-dessus, si en plus V_3 est orientable, on peut prendre $T = S_2$".

[On remarque, aussi, qu'un $T = S_2 \subset V_3$ avec 1-2-3 implique que $\pi_1 V_3 = A * B$ $(A \neq \{1\} \neq B)$, ou $\pi_1 V_3 = Z$. En particulier, pour $V_3 = S_1 \times P_2$ on ne peut pas avoir de $T = S_2$ (car $\pi_1 V_3 = Z + (Z/2Z)$, étant commutatif n'est pas produit libre non trivial). Donc, dans le cas non orientable le corollaire se trouve être faux].

Démonstration :

(1) Si ∂V_3 contient une composante qui est S_2 ou P_2, cette composante peut jouer le rôle de T. [1-a) Si $\partial V_3 = S_2 + W_2$ et $S_2 \sim 0(V_3)$, on arrive à une contradiction, comme suit : en regardant la suite exacte d'homologie mod 2 :

$$\underbrace{H_3(V_3)}_{0} \longrightarrow \underbrace{H_3(V_3, \partial V_3)}_{\substack{Z/2Z \text{ ou } 0 \text{ suivant} \\ \text{que } V_3 \text{ est compacte ou non}}} \longrightarrow H_2(\partial V_3) \xrightarrow{i} H_2(V_3)$$

on voit d'abord que V_3 est compact (autrement $i[S_2] \neq 0$), ensuite que le seul élément non trivial du noyau de i est $[S_2] + [W_2] \Longrightarrow W_2 = \emptyset$.

Le même raisonnement dans $\tilde{V}_3$ (revêtement universel) où S_2 se relève dans $\partial\tilde{V}_3$ (avec $S_2 \sim 0\ (\tilde{V}_3)$), montre que $\partial\tilde{V}_3 = S_2 \Longrightarrow \pi_1 V_3 = 0 \Longrightarrow V_3$ est contractile. (On utilise ici le fait standard qu'une variété compacte, connexe, simplement connexe, V_3, avec $\partial V_3 \neq \emptyset$ est contractile).

1-b) Si $\partial V_3 = P_2 + W_2$ et $u \sim 0(V_3)$ (où u engendre $\pi_2 P_2$), on arrive à une contradiction, comme suit : dans $\tilde{V}_3$, au-dessus de P_2 il y a une composante de $\partial\tilde{V}_3$, X.

X ne peut pas être P_2, car le bord d'une variété orientable est toujours orientable.

Si $X = S_2$, on a $S_2 \sim 0(\tilde{V}_3)$, donc $\partial\tilde{V}_3 = X = S_2 \Longrightarrow \tilde{V}_3$ est contractile $\Longrightarrow \pi_2 V_3 = 0$].

(2) ON VA INTRODUIRE MAINTENANT L'HYPOTHESE (provisoire) SUPPLEMENTAIRE QUE V_3 EST COMPACTE.

Soit $\partial V_3 = T_1 \cup T_2 \cup \ldots \cup T_k$ (composantes connexes.) Je dis qu'il suffit de considérer le cas où :

α) $T_i \neq S_2, P_2 (\forall i)$.

β) $0 \to \pi_1 T_i \to \pi_1 V_3$ est exacte. (T_i "incompressible").

[Si $\mathrm{Ker}(\pi_1 T_i \to \pi_1 V_3) \neq 0$, le lemme de Dehn-loop thm nous fournit un disque plongé.

$$(D_2, \partial D_2) \hookrightarrow (V_3, T_i)$$

tel que $[\partial D_2] \not\sim 0(T_i)$. Si l'on fait éclater ce disque on a un plongement naturel :

$$\check{V}_3 \subset V_3 = \check{V}_3 + \text{(une anse d'indice 1)}.$$

On voit que $0 \to \pi_2 \check{V}_3 \to \pi_2 V_3$, $\pi_2 \check{V}_3 \neq 0$, et $\mathrm{Ker}(\pi_1 \partial\check{V}_3 \to \pi_1 \check{V}_3)$ est plus petit que $\mathrm{Ker}(\pi_1 \partial V_3 \to \pi_1 V_3)$ (en fait, on a <u>réduit</u> ∂V_3, dans le sens de la chirurgie).

Après un nombre fini de pas, on tombe ou bien sur le cas 1), déjà traité, ou bien le cas $\alpha)-\beta)$].

$\alpha)-\beta) \Longrightarrow \pi_1 V_3$ n'est pas fini $\Longrightarrow H^0_f(\tilde{V}_3) = 0.$

$\Longrightarrow \pi_1 \partial \tilde{V}_3 = \pi_2 \partial \tilde{V}_3 = H_2 \partial \tilde{V}_3 = 0.$

$\Longrightarrow 0 \to H_2 \tilde{V}_3 \underset{\approx}{\to} H_2(\tilde{V}_3, \partial \tilde{V}_3) \to 0.$

Par Hurewicz et la dualité de Poincaré :

$$\pi_2 V_3 = H_2 \tilde{V}_3 = H_2(\tilde{V}_3, \partial \tilde{V}_3) = H^1_f(\tilde{V}_3).$$

Donc : $H^1_f \tilde{V}_3 \neq 0.$

Je dis que : $\boxed{b\pi_1 V_3 \geq 2.}$

[En effet :

$$H^0_\infty \tilde{V}_3 = Z^{b\pi_1 V_3},$$

et la suite exacte :

$$\underbrace{H^0_f \tilde{V}_3}_{0} \longrightarrow \underbrace{H^0 \tilde{V}_3}_{Z} \xrightarrow{i} H^0_\infty \tilde{V}_3 \longrightarrow \underbrace{H^1_f \tilde{V}_3}_{\neq 0} \longrightarrow \underbrace{H^1 \tilde{V}_3}_{0}$$

(où $H^1_f \tilde{V}_3 \geq Z$), nous dit, justement que $H^0_\infty \tilde{V}_3 \geq Z+Z$].

(3) Si $b\pi_1 V_3 = \infty$, puisque $\pi_1 V_3$ est de type fini (V_3 compact), on sait, d'après Stallings, que :

$$\pi_1 V_3 = G = \begin{cases} G_1 \underset{F}{*} G_2 \\ \text{ou} \\ \underbrace{G_1 *}_{F, \Phi} \end{cases}$$

avec F fini, $F \hookrightarrow G_i$, e.a.d.s.

On a vu au Chapitre II que ceci nous permet de construire $K(G,1)$ comme suit:

$$K(G,1) = \begin{cases} K(G_1,1) \cup \underbrace{(K(F,1)}_{K(F,1)\times 0} \times [0,1]) \cup \underbrace{K(G_2,1)}_{K(F,1)\times 1} \\ \text{ou} \\ \underbrace{K(G_1,1) \cup (K(F,1)}_{K(F,1)\cup\{0,1\}} \times [0,1]) \, . \end{cases}$$

Dans les deux cas la paire connexe

$$(K(G,1),\ K(F,1) \times \tfrac{1}{2}) = (X,A)$$

possède la propriété que $K(F,1) \times \frac{1}{2}$ est(canoniquement) <u>bicoloré</u>, et que

$$\pi_\lambda(\check{X},A) = 0 \quad \text{si} \quad \lambda > 1.$$

La théorie de la chirurgie (lemme 4 ci-dessus), nous permet de construire une application continue $f:V_3 \to X$, telle que :

1) f induit un isomorphisme $\pi_1 V_3 \xrightarrow[\approx]{f_*} \pi_1 X$.

2) f est transversale sur $A.f^{-1}A = \cup(U_i)$ est une sous-variété propre à fibré normal trivial, transversale à ∂V_3 (pour cette dernière propriété on prend la précaution de rendre, aussi, $f|\partial V_3$ transversale à A).

iii) $0 \to \pi_1 U_i \to F$.

$\Longrightarrow$ (puisque F est un groupe <u>fini</u>).

$$U_i = \begin{cases} D_2 \\ \text{ou} \\ S_2 \\ \text{ou} \\ P_2 \end{cases}$$

Si $U_i = D_2$, puisque $\pi_1\partial V_3$ <u>s'injecte</u> dans $\pi_1 V_3$, on a $[\partial D_2] \sim 0(\partial V_3)$. Donc, il existe un 2-disque $\Delta_2^i \subset \partial V_3$ tel que $\partial\Delta_2^i = \partial U_i$. Soit $U_i = D_2$ comme ci-dessus, avec Δ_2^i <u>minimal</u>

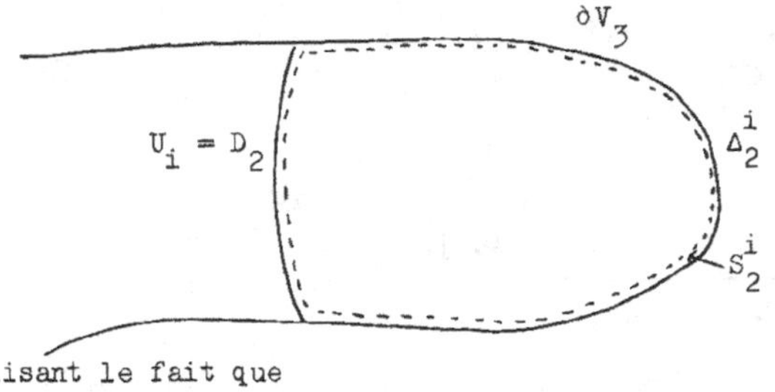

En utilisant le fait que

$$[\Delta_2^i] \in \pi_2(\check{X},A) = 0,$$

on peut homotoper f (dans le voisinage de Δ_2^i) de telle façon qu'on puisse remplacer U_i (dans l'image inverse de A), par la 2-sphère

$$S_2^i \approx U_i \cup \Delta_2^i.$$

On peut donc se réduire au cas où tous les T_i sont S_2 ou P_2.

Si $T_i = S_2 \sim 0(V_3)$, S_2 sépare V_3 et l'une des deux régions est contractile. Ceci nous permet d'homotoper f de telle façon que ce T_i-là disparaisse.

[En effct, soit K_3 la région respective.

$$f:(K_3,T_i) \to (\check{X},A)$$

représente un élément de $\pi_3(\check{X},A) = 0$. Par une homotopie de f (à support dans un voisinage de K_3, on peut donc rendre d'abord $f|K_3$ constante, $K_3 \to pt \in A$, et ensuite la séparer de A (localement).

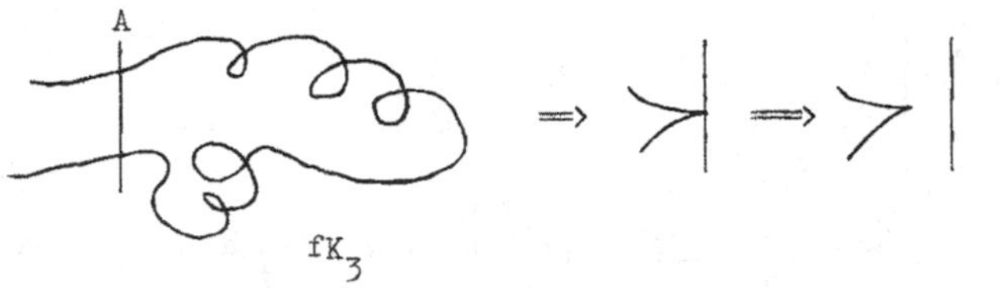

.]

Si $T_i = P_2$ et u est le générateur de $\pi_2 P_2$, on a obligatoirement $u \not\sim 0\ (V_3)$.

[Autrement, en passant au revêtement à 2 feuillets qui rend V_3 orientable :

$$\begin{array}{ccc} S_2 & \hookrightarrow & \hat{V}_3 \\ \downarrow & & \downarrow \\ P_2 & \hookrightarrow & V_3 \end{array}$$

on aurait $S_2 \sim O(\hat{V}_3)$. Donc S_2 sépare $\hat{V}_3$ en deux morceaux, dont l'un, appelons-le K_3, serait contractile. Soit T l'involution canonique de V_3. La restriction de T à $S_2 \times [-1,1] \longrightarrow V_3$ est

(l'application antipodique de S_2) $\times$ (l'identité de $[-1,1]$.

Donc $TK_3 \subset K_3$. Mais T n'a pas de points fixes, ce qui est incompatible avec la contractibilité de K_3 (par Lefschetz ; ou, plus géométriquement : d'après le thm. de h-cobordisme, ou la théorie des voisinages réguliers de J.H.C. Whitehead on a :

$$K_3 \times D_p = D_{p+3} \quad (p \text{ grand}) ;$$

ensuite on peut appliquer le théorème de point fixe de Brower à $T \times (\mathrm{id}\ D_p))$]. On peut se ramener donc au cas où chaque $T_i = S_2, P_2$ est non triviale, (et de toute façon $f^{-1}A \neq \emptyset$ car $f_* =$ isomorphisme).

(4) Si $b\pi_1 V_3 = 2$ on sait (d'après le théorème de Stallings sur les groupes à 2 bouts) qu'il existe une surjection :

$$b\pi_1 V_3 \xrightarrow{\ \Phi\ } G = \begin{cases} Z \\ \text{ou} \\ Z/2 \times Z/2 \end{cases}$$

avec Ker Φ = fini. Dans les deux cas :

$$(X,A) = (K(G,1), \text{ pt base})$$

possède la propriété que A est bicoloré (et contractile)

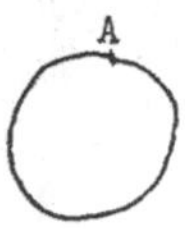

K(Z,1)

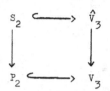

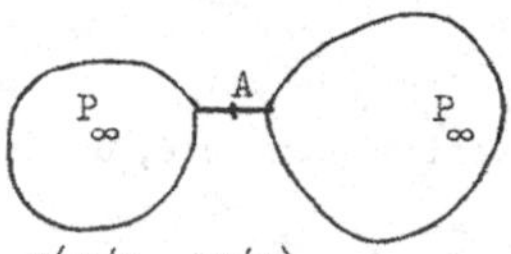

K(Z/2 * Z/2)

Aussi $\pi_\lambda(X) = \pi_\lambda(X,A) = 0$ (si $\lambda > 1$).

On réalise Φ par un

$$f: V_3 \to K(G,1) = X$$

tel que $f_* = \Phi$. Après avoir réduit $f^{-1}A = T = \cup T_i$ on a $\pi_1 T_i \subset \operatorname{Ker}\Phi$ $(0 \to \pi_1 T_i \to \pi_1 V_3)$ donc $\pi_1 T_i$ = fini. A partir de là on procède comme ci-dessus.

Ceci finit la démonstration de la <u>forme spéciale</u>, quand V_3 = compact.

On déduit de là la <u>forme générale</u>, quand V_3 = compact, orientable, comme suit :

On se donne $N \underset{\neq}{\subset} \pi_2 V_3$, $\pi_1 V_3$-module. D'après la <u>forme spéciale</u>, il existe :

$$\varphi: S_2 \hookrightarrow V_3, \quad \varphi S_2 \not\sim 0.$$

Si $[\varphi S_2] \notin N$ on a fini. Si $[\varphi S_2] \in N$, on fait une modification sphérique de V_3, suivant φS_2 :

$$V_3 \Longrightarrow V_3^1 = V_3 - \varphi S_2 \times [-1,1]$$

$$+ \text{ 2 disques de bords } \varphi S_2 \times \{-1,1\}$$

$$= V_3 - (\varphi S_2 \times [-1,1]) + D_3^1 + D_3^2.$$

(V_3^1 pourrait avoir 2 composantes connexes).

Soit $N^1 \subset \pi_2 V_3^1$ le $\pi_1 V_3^1$-module des $f: S_2 \to V_3^1$ dont l'image est dans N. (sans perte de généralité $fS_2 \cap D_3^i = \emptyset$ ...).

Puisque $\pi_2 V_3 - N \neq \emptyset$, on a $\pi_2 V_3^1 - N^1 \neq \emptyset$. [En effet, soit $\psi: S_2 \to V_3$, transversal à φS_2, représentant un élément de $\pi_2 V_3 - N$. Les composantes connexes de $S_2 - \psi^{-1}\varphi S_2$ engendrent des éléments de $\pi_2 V_3 (\pi_2 V_3^1)$, dont l'un au moins n'est <u>pas</u> dans $N(N^1)$].

Pour une variété compacte, définissons :

$\lambda(V_3) = \mathrm{rg}\ (\pi_1 V_3) + \mathrm{card}\ \pi_0 \partial V_3$.

Si V_3^1 est connexe on a :

$$\lambda(V_3^1) < \lambda(V_3)$$

(car le passage $V_3 \Longrightarrow V_3^1$ détruit un facteur libre $(* Z)$ de $\pi_1 V_3$).

Si V_3^1 a deux composantes connexes : V_3^{11}, V_3^{12} :

$$\lambda(V_3^{1i}) < \lambda(V_3)$$

(car, si $\pi_1 V_3^{1i} = 0$, on a, obligatoirement $\partial V_3^{1i} \neq \emptyset$, autrement $\varphi S_2 \sim 0(V_3)$).

Ceci montre que si l'on continue le processus ci-dessus avec $(V_3^1, N^1),\ldots,$ on doit forcément s'arrêter après un nombre fini de pas. On trouve donc un $f : S_2 \to V_3$, avec

$$[\ fS_2] \in \pi_2 V_3 - N.$$

Si V_3 = compact, non-orientable, et $N \subset \pi_2 V_3$, on prend le revêtement à 2 feuillets qui oriente V_3: $\hat{V}_3 \xrightarrow{p} V_3$. Dans $\hat{V}_3$, il y a un $\varphi : S_2 \hookrightarrow \hat{V}_3$, $[\varphi S_2] \in \pi_2 V_3 - N$. On peut supposer que $p \circ \varphi : S_2 \to V_3$ est une immersion générique, avec des pts-doubles, au plus. $p \circ \varphi$ induit une involution (sans pts fixes) sur l'ensemble des pts-doubles (de $p \circ \varphi$). Soit $\nu(p \circ \varphi) = \nu$ le nombre des composantes connexes de l'ensemble des pts-doubles, qui sont invariantes par rapport à l'involution. Si C est une composante connexe, minimale, pas invariante, on peut

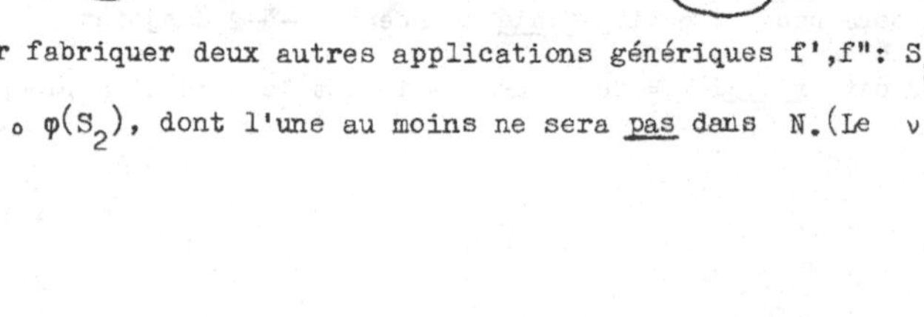

l'utiliser pour fabriquer deux autres applications génériques $f', f'' : S_2 \to V_3$, plus simples que $p \circ \varphi(S_2)$, dont l'une au moins ne sera pas dans N.(Le ν ne s'accroit pas pendant cette opération).

Si C est une composante connexe, minimale, invariante, bordant le disque $\delta \subset S_2$, $p \circ \varphi(\delta) = P_2 \subset V_3$ (avec fibré normal trivial).

$p^{-1}(P_2) = S_2 = \delta \cup \delta' \to \hat{V}_3$ et le disque δ' rencontre φS_2 transversalement, le long de $\partial\delta' \subset \varphi S_2$. (Puisque $p \circ \varphi(S_2)$ se coupe transversalement le long de C).

Sans perte de généralité, $p \circ \varphi(S_2 - \delta) \cup p\delta'$ et $p \circ \varphi(\delta) \cup p\delta'$ sont deux immersions génériques $S_2 \to V_3$ ayant des pts-doubles au plus, avec un ν strictement plus petit que celui de $p \circ \varphi(S_2)$, et telle que l'une au moins ne soit pas dans N. (Si c'est $p \circ \varphi(\delta) \cup p\delta'$, qui n'estpas dans N, le $p \circ \varphi(\delta) = P_2 \subset V_3$ est le $T = P_2$ qu'on cherche).

Un processus d'induction, qu'on laisse au lecteur le soin d'expliciter, permet de finir, maintenant, la démonstration de la forme générale, dans le cas compact, non-orientable.

Pour la forme générale, V_3 = non-compact (ce qui implique la forme spéciale du thm. de la sphère, dans le cas non-compact), on considère

$$V_3 = \varinjlim V_3^i, \qquad V_3^i = \text{compact},$$

et $N^i \subset \pi_2 V_3^i$, la trace de $N \subset \pi_2 V_3$. (en particulier $N^i = \mathrm{Ker}(\pi_2 V_3^i \to \pi_2 V_3)$ dans le cas de la forme spéciale !) . Puisque $N \neq \pi_2 V_3$, il existe un i_o, tel que

$$N^{i_o} \neq \pi_2 V_3^{i_o}.$$

On applique le cas compact (à $V_3^{i_o}$),e.a.d.s.

6) Quelques applications à la théorie des noeuds.

Par définition un noeud sera l'image d'un plongement C^∞:

$$f: S_1 \to S_3.$$

Un link sera une collection finie de noeuds 2-à-2 disjoints.

Un noeud est trivial (= non-noué) s'il est le bord d'un plongement C^∞

$D_2 \hookrightarrow S_3$. Un link est trivial (= non-noué et non-enlacé) s'il est le bord d'une collection de plongements C^∞, 2-à-2 disjoints : $D_2 \hookrightarrow S_3$.

<u>Théorème 1.-</u> ("Hauptsatz der Knotentheorie" -[Papakyriapoulos])." Un noeud

$$f : S_1 \longrightarrow S_3$$

est trivial si et seulement si

$$\pi_1(S_3 - fS_1) = Z \ (\Longleftrightarrow \pi_1(S_3 - fS_1)$$

est abélien)".

<u>Démonstration</u> : Considérons le voisinage tubulaire de $fS_1 \subset S_3$, et les flèches canoniques :

$$\begin{array}{ccc} S_1 \times S_1 = S_1 \times \partial D_2 \subset S_2 \times D_2 & \xrightarrow{F} & S_3 \\ \psi = \pi | S_1 \times \partial D_2 \searrow & \downarrow \pi & \nearrow f \\ & S_1 & \end{array}$$

Soit $C = \psi^{-1}(x) \subset S_1 \times S_1$ $(x \in S_1$). Si $\pi_1(S_3 - fS_1) = Z$ il s'ensuit que $\pi_1(S_3 - fS_1) \xrightarrow{\cong} H_1(S_3 - fS_1)$,

donc (en choisissant un pt base convenablement), $\pi_1(S_3 - F(S_1 \times \mathring{D}_2)) = \pi_1(S_3 - fS_1)$ est engendré par $[F(C)]$.

On voit que si $\eta : S_1 \to S_1 \times S_1$ est une <u>section</u> de ψ et n un entier quelconque, il existe toujours une autre section $\xi : S_1 \times S_1$, telle que

$$[\eta S_1] - [\xi S_1] = n[C] \text{ (dans } \pi_1(S_1 \times S_1) = H_1(S_1 \times S_1)).$$

En faisant donc une éventuelle correction par un multiple de C, je peux trouver une <u>section</u> $\bar{\xi} : S_1 \to S_1 \times S_1$, telle que

$$[F \circ \bar{\xi} S_1] = 0 \quad (\text{dans } \pi_1(S_3 - fS_1)) .$$

À $F \circ \bar{\xi} : S_1 \hookrightarrow \partial(S_3 - F(S_1 \times \mathring{D}_2))$ on peut appliquer le lemme de Dehn, qui nous dit qu'il existe un plongement propre :

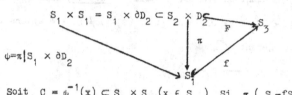

$$(D_2,\partial D_2) \hookrightarrow (S_3 - F(S_1 \times \mathring{D}_2), \underbrace{\partial(S_3 - F(S_1 \times \mathring{D}_2))}_{F(S_1 \times S_1)}),$$

dont le bord soit justement $F\xi(S_1)$. A partir de là, la démonstration est triviale.

Théorème 2.- ("Asphéricité des noeuds" [Papakyriakopoulos]). "Si $X \subset S_3$ est un fermé connexe (en particulier si X est un noeud), alors :

a) S_3-X est un espace $K(\pi,1)$ (avec, bien entendu : $\pi = \pi_1(S_3-X)$).

b) Le groupe $\pi_1(S_3-X)$ n'a pas de torsion".

Démonstration : S_3-X étant une variété de dim. 3 ouverte, elle est un $K(\pi,1)$ si et seulement si $\pi_2(S_3-X) = 0$. Mais si $\pi_2(S_3-X) \neq 0$, le sphere theorem nous dit qu'il existe un plongement C^∞,

$$\varphi\colon S_2 \hookrightarrow S_3-X$$

pas homotope à (dans S_3-X). D'après le théorème classique d'Alexander qui dit que tout plongement $C^\infty\colon S_2 \hookrightarrow S_3$ s'étend à D_3 (voir J. Cerf: $\Gamma_4 = 0$, Springer Lecture notes) $\varphi(S_2) \subset S_3$ divise S_3 en deux disques, dont l'un doit contenir X (puisque X est connexe). Donc φ ne peut pas être non trivial.

a) $\Longrightarrow$ b) d'après le théorème de P.A. Smith (ch. I).

Lemme 3.- (Specker) : "Soit V_3 une variété de dimension 3, compacte, à bord non vide, telle que chaque composante de ∂V_3 soit un tore $(S_1 \times S_1)$.

Si $b\pi_1 V_3 = \infty \Longrightarrow \pi_2 V_3 \neq 0$".

Démonstration : Soit $T_2 \subset \partial V_3$ une composante connexe. Si $\mathrm{Ker}(\pi_1 T_2 \to \pi_1 V_3) \neq 0$, le lemme de Dehn-loop thm nous dit qu'il existe un plongement propre

$$(D_2, \partial D_2) \hookrightarrow (V_3,T_2),$$

tel que $\partial D_2 \hookrightarrow T_2$ soit non-homotope à 0.

[<u>Exercice</u> : Montrer par des moyens élémentaires que

$$\mathrm{Ker}(\pi_1 T_2 \to \pi_1 V_3) \subset \pi_1 T_2 = Z+Z$$

est 0 ou un groupe cyclique engendré par un élément non-divisible de $Z+Z$ (un générateur)].

Soit $N \subset V_3$ un voisinage régulier C^∞ de $T_2 \cup D_2$. C'est clair que $\partial N = S_2$ et que $\pi_1 N = Z$. Puisque $b\pi_1 V_3 = \infty$, on a, ainsi, $\pi_1(V_3 - N) \neq \{1\}$, donc $\partial N = S_2$ est un élément non-trivial de $\pi_2 V_3$.

Il nous reste donc seulement à étudier le cas où pour <u>tous</u> les $T_2 \subset \partial V_3$ on a une suite exacte :

$$0 \to \pi_1 T_2 \to \pi_1 V_3 \,.$$

Dans ce cas, chaque composante connexe de $\partial \tilde{V}_3$ ($\tilde{V}_3$ = revêtement universel) est un plan R_2. Par hypothèse $b\tilde{V}_3 = \infty$.

Pour savoir que $\pi_2 V_3 = \pi_2 \tilde{V}_3 \neq 0$, il suffirait de montrer que $b(\mathrm{int}\, \tilde{V}_3) = b(\tilde{V}_3 - \partial \tilde{V}_3) = \infty$. (Car alors, on pourrait raisonner comme dans le thm. de Specker habituel :

$$0 \neq H^1_f(\mathring{\tilde{V}}_3) \approx H_2(\mathring{\tilde{V}}_3) = \pi_2(\mathring{\tilde{V}}_3) = \pi_2(V_3))). \text{ (où } \mathring{\tilde{V}}_3 = \mathrm{int}\, \tilde{V}_3)$$

Le fait que $b(\mathrm{int}\, \tilde{V}_3) = \infty$ résulte du lemme 3-bis ci-dessous.

<u>Exercice</u> : Si ∂V_3 contient des composantes $\neq (S_1 \times S_1)$, le lemme 3 est faux [regarder $V_3 = P \# (S_1 \times D_2)$. Ceci donne aussi un contre-exemple pour le lemme 3bis, ci-dessous].

<u>Lemme 3bis.-</u> "Soit V_n une variété (C^∞) tel que :

a) $bV_n = \infty$.

b) Chaque composante Y_i de ∂V_n est non-compacte et possède un seul bout.

Alors $b(V_n - \partial V_n) = b(\mathrm{int}\, V_n) = \infty$."

Démonstration : On considère des voisinages tubulaires disjoints $Y_i \times [0,1] \subset V_n$ $(Y_i \times 0 \equiv Y_i)$.

Puisque $bV_n = \infty$ pour tout entier > 0, N, il existe un compact $K \subset V_n$ tel que $\pi'(V_n - K) = \{$l'ensemble des composantes connexes non relativement compactes de $V_n - K\}$, possède au moins N éléments. D'autre part, $b(Y_j \times [0,1]) = bY_j = b(Y_j \times 1) = 1$, donc

$$\pi'(Y_j\times 1-(Y_j\times 1) \cap K) = \pi'(Y_j\times[0,1]-(Y_j\times[0,1]) \cap K) = 1.$$

Soit $K_1 = K - \bigcup_j Y_j\times[0,1] + \bigcup_j$ (la réunion des composantes relativement compactes de $(Y_j\times 1) - (Y_j\times 1) \cap K)$. Comme K ne touche qu'à un nombre fini de $Y_j\times[0,1]$, et comme K* est toujours un compact (chapitre II, par. 1), on voit que K_1 est compact. Comme l'unique élément de $\pi'(Y_j\times 1-(Y_j\times 1) \cap K)$ ne peut toucher qu'à un seul élément de $\pi'(V_n-K)$, $\pi'(\text{int } V_n-K_1)$, $(\pi'(Y_j\times[0,1]-(Y_j\times[0,1])\cap K))$, on voit que $\pi'(\text{int } V_n-K_1)$ possède au moins N éléments, donc $b(\text{int } V_n) = \infty$.

Théorème 4.- (Papakyriakopoulos) : "Soit

$$f: S_1 \hookrightarrow S_3$$

un noeud.

a) $b\pi_1(S_3-fS_1) = 1$ ou 2.

b) $b\pi_2(S_3-fS_1) = 2 \Longleftrightarrow$ le noeud est trivial".

Démonstration : a) résulte du lemme 3 et de l'aspéricité des noeuds.

Toujours d'après le thm. 2 (aspéricité des noeuds), Tor $\pi_1(S_3-fS_1) = 0$, donc, si $b\pi_1(S_3-fS_2) = 2 \Longrightarrow \pi_1(S_3-fS_1) = Z$ (Thm. de Stallings sur les groupes (de type fini) à 2 bouts). Ceci finit la démonstration.

Exercice : Si $V_2 \hookrightarrow W_3$ est une sous-variété, on dit que V_2 est incompressible (dans W_3) si la suite

$$0 \to \pi_1 V_2 \to \pi_1 W_3$$

est exacte.

Si $f:S_1 \hookrightarrow S_3$ est un noeud, et $T_3 \hookrightarrow S_3$ un voisinage tubulaire C^∞, compact, de fS_1, alors $\partial T_3 = \partial(S_3-\overset{\circ}{T}_3) \hookrightarrow S_3-\overset{\circ}{T}_3$ est incompressible $\Longleftrightarrow$ le noeud $fS_1 \hookrightarrow S_3$ est non-trivial.

Si $f',f'',(T',T'')$ sont non-triviaux la variété fermée $X_3 = (S_3-\overset{\circ}{T}{}'_3) \cup (S_3-\overset{\circ}{T}{}''_3)$ (où les deux exemplaires sont recolés suivant un difféomorphisme $\partial T'_3 \to \partial T''_3$, possède les propriétés suivantes :

a) $X_3 = K(\pi_1 X_3, 1)$.

b) X_3 ne possède pas des décompositions en sommes connexes, non-triviales.

[X_3 est "suffisamment large", dans le sens de Waldhausen ; en particulier, son type topologique est caractérisé par $\pi_1 X_3$].

Un link $L \subset S_3$ est dit "<u>géométriquement scindé</u>", s'il existe deux links :

$$\emptyset \neq L' \subset S_3,\ \emptyset \neq L'' \subset S_3$$

tels que $(S_3,L) = (S_3,L') \# (S_3,L'')$.

<u>Théorème 5.-</u> (Papakyriakopoulos)."Soit $L \subset S_3$ un link. Les conditions suivantes sont équivalentes :

a) (S_3,L) est géométriquement scindé.

b) $\pi_2(S_3-L) \neq \emptyset$.

c) $b\pi_1(S_3-L) = \infty$.

d) $\pi_1(S_3-L) = A * B$ (produit libre <u>non</u>-trivial)".

<u>Démonstration</u> : D'après le sphere theorem on a

b) $\Longrightarrow$ a). a) $\Longrightarrow$ b) est triviale puisque a) produit un plongement $S_2 \subset S_3-L$ qui sépare L en deux morceaux.

a) $\Longrightarrow$ d) $\Longrightarrow$ c). (Car $H_2(S_3-L) = Z+\ldots+Z$ donc il est impossible que $\pi_1(S_3-L) = Z/2 * Z/2$, qui est le seul produit libre avec $< \infty$ de bouts).

c) $\Longrightarrow$ b) d'après Specker.

En combinant les théorèmes 5 et 1 on a le :

Corollaire 6.- "Un link $L \subset S_3$ est trivial si et seulement si le groupe $\pi_1(S_3-L)$ est libre."

Théorème 7.- (Papakyriakopoulos). "Soit V_3 une variété de dimension 3 telle que $\text{Tor}\ \pi_1 V_3 = \emptyset$ et $U \subset V_3$ un ouvert connexe, orientable.

Alors $\text{Tor}\ \pi_1 U = 0$".

[Remarque : la condition d'orientabilité est inutile, (voir le thm. 9 de la fin du paragraphe)].

Démonstration : Supposons qu'il existe un $f:S_1 \to U$ tel que $(f(S_1))^p$ borde un disque singulier $F:D_2 \to U$, avec $p > 1$, minimal. Soit $W_3 \subset U$ un voisinage compact de FD_2 variété de dimension 3, connexe.

∂W_3 possède des composantes connexes qui ne sont pas des S_2 (autrement, puisque $\text{Tor}\ \pi_1 W_3 \neq 0$ on déduirait, d'après Van Kampen, que $\text{Tor}\ \pi_1 V_3 \neq 0$).

Donc :

$$\partial W_3 = \partial_0 W_3 + \partial_1 W_3$$

où $\partial_0 W_3 =$ les composantes qui sont des S_2, et $\partial_1 W_3 \neq \emptyset$.

En faisant des modifications sphériques de (V_3, U, W_3) le long de $\partial_0 W_3$ on passe à (V_3^1, U^1, W_3^1) où $\text{Tor}\ \pi_1 V_3^1 = 0$, $\text{Tor}\ \pi_1 W_3^1 \neq 0$,

$$\partial W_3^1 = \partial_1 W_3^1 = \partial_1 W_3 \neq \emptyset.$$

Puisque $\partial W_3^1 \neq \emptyset$ et $\text{Tor}\ \pi_1 W_3^1 \neq 0$ on a $\pi_2 W_3^1 \neq 0$ (autrement W_3^1 serait un $K(\pi,1)$, on appliquerait Smith, e.a.d.s), donc d'après le sphere theorem (U^1 orientable) il existe un plongement $\varphi: S_2 \hookrightarrow W_3^1$ tel que $\varphi S_2 \not\sim 0$ (dans W_3^1).

En faisant une modification sphérique suivant φS_2 on trouve des (V_3^2, U^2, W_3^2) avec $\text{Tor}\ \pi_1 V_3^2 = 0$, $\text{Tor}\ \pi_1 W_3^2 \neq 0$, $\partial W_3^2 = \partial_1 W_3^2 \neq \emptyset$. D'une manière explicite, si φS_2 sépare W_3^1

$$W_3^1 = W_3^{11} \underset{\varphi S_2}{\#} W_3^{12} ,$$

on a $$\pi_1 W_3^{11} \neq 0 \neq \pi_1 W_3^{12} .$$

(Ici on utilise $\partial W_3^1 = \partial_1 W_3^1$). Donc $rg\ \pi_1 W_3^{1i} < rg\ \pi_1 W_3^1$ et au moins l'un des $\pi_1 W_3^{1i}$, disons $\pi_1 W_3^{11}$ possède de la torsion. Soit

$$\partial_1 W_3^{11} = \partial_1 W_3^1 \cap W_3^{11} = \partial W_3^{11} - \varphi S_2 .$$

Je dis que $\partial_1 W_3^{11} \neq \emptyset$. En effet, autrement $\pi_1 W_3^{11}$ serait un facteur libre de $\pi_1 V_3^1$ ...

C'est W_3^{11} + (un disque D_3 résultant de la chirurgie) qui sera W_3^2.

Si φS_2 ne sépare pas W_3^1, on détruit un facteur libre $*Z$ de $\pi_1 W_3^1$.

De toute façon, donc :

$$rg\ \pi_1 W_3^2 < rg\ \pi_1 W_3^1 .$$

Donc ce processus ne pourrait pas continuer indéfiniment. Ce qui finit la démonstration.

Théorème 8.- ($\mathcal{J}$. H.C. Whitehead). "Soit V_3 une variété compacte, orientable, connexe de dimension 3. Il existe une $\pi_1 V_3$-base de $\pi_2 V_3$ formée par des sphères plongées, 2-à-2 disjointes".

Démonstration laissée en exercice.

Théorème 9.-($\mathcal{J}$. H.C. Whitehead). "Soit X un espace séparé et $V_3 \subset X$ telle que $V_3 - \partial V_3$ soit un ouvert (de X). On va supposer que l'une des conditions suivantes est satisfaite :

a) X est une 3-variété.

b) V_3 est orientable.

Alors :

$$\mathrm{Tor}\ \mathrm{Ker}(\pi_1 V_3 \xrightarrow{i_*} \pi_1 X) = 0.$$

[En particulier : Tor $\pi_1 X = 0 \Longrightarrow$ Tor $\pi_1 V_3 = 0$, car si Tor $\pi_1 X = 0 \Longrightarrow$ Tor $\pi_1 V_3 \subset \mathrm{Ker}\ i_*$]".

<u>Démonstration</u> : Si on est dans la situation b) on procède comme dans le théorème 7.

Si on est dans la situation a), X non-orientable, on considère le revêtement qui oriente $p : \hat{X} \to X$. $\hat{V}_3 = p^{-1}V_3 \xrightarrow{p} V_3$ est le revêtement qui oriente V_3.

Soit $\alpha \in \pi_1 V_3$, tel que $\alpha^m = 1$; on veut montrer que $i_*\alpha \neq 1$, on peut donc supposer que $i_*\alpha \in p_*\pi_1\hat{X} \subset \pi_1 X$. Donc un lacet qui représente α se relève dans un lacet de $p^{-1}V_3$, donc $\alpha \in (p_*|\hat{V})\pi_1\hat{V}_3 \subset \pi_1 V_3$. On est donc ramené à la situation orientable.

7) <u>Appendice</u> : <u>Le "sphere theorem" d'après Papakyriakopoulos (et J.H.C.Whitehead).</u>

Comme la démonstration originale du thm de la sphère a joué un rôle heuristique important pour la théorie des groupes exposée dans les chapitres précédents, on a pensé utile d'en donner une esquisse ici.

On part donc d'une variété orientable V_3, d'une application continue $f: S_2 \to V_3$ telle que $fS_2 \not\sim 0$ et on veut construire un <u>plongement</u> $\varphi: S_2 \hookrightarrow V_3$ tel que $\varphi S_2 \not\sim 0$.

<u>Etape 1°.</u> <u>Lemme 1.-</u> "Les immersions (génériques) $S_2 \to V_3$ engendrent $\pi_2 V_3$ (en tant que $\pi_1 V_3$-module)".

[En effet, si l'on part d'un $f: S_2 \to V_3$, sans modifier sa classe d'homotopie on peut la rendre générique : donc f sera une immersion générique excepté des points fronces (branch points).

En poussant des points-triples au-delà des points fronces, on peut supposer que sur les lignes doubles qui partent d'un point fronce (et aboutissant à un autre point fronce), il n'y a plus de points triples. Par un procédé de coupures (Umschaltung), on peut fabriquer deux applications $f', f'': S_2 \to V_3$ ayant moins de points fronces que f, et telles que $[f]$ se trouve dans le $\pi_1 V_3$-module, engendré par $[f']$ et $[f'']$].

Donc, dorénavant f sera une immersion générique. $M_i(f) \subset S_2$ seront ses points-i-touples. $M_2(f)$ est une 1-sous-variété de S_2, sauf aux points triples $M_3(f) \subset M_2(f)$ qui sont singuliers.

On peut désingulariser $M_2(f)$ comme suit : dans $S_2 \times S_2$-(la diagonale) on considère l'ensemble $M^2(f) = \{(x,y),\ x \neq y,\ fx = fy\}$, qui est une vraie variété de dimension 1 (f = immersion générique $\Longrightarrow$ $f\times f|(S_2\times S_2)$-(la diagonale de S_2) est transversale à la diagonale de V_3).

Soit $\pi: S_2 \times S_2 \to S_2$ la projection sur le premier facteur. Elle induit une surjection $\pi = M^2(f) \to M_2(f)$ qui fait éclater, exactement, les points de $M_3(f) \subset M_2(f)$.

L'application $M^2(f) \xrightarrow{\pi} M_2(f) \subset S_2$ est une immersion générique.

Sur $S_2 \times S_2$ on a l'involution fondamentale

$$S_2 \times S_2 \xrightarrow{J} S_2 \times S_2$$
$$(J(x,y) = (y,x)).$$

$M^2(f)$ est invariante pour J, donc J induit une involution (sans points fixes) :

$$M^2(f) \xrightarrow{J} M^2(f).$$

Le fait suivant est trivial :

Lemme 2.- "V_3 orientable $\Longrightarrow$ aucune composante connexe de $M^2(f)$ n'est invariante pour J."

Donc, sur l'ensemble des composantes connexes :

$$\pi_o M^2(f) = \{C_1, C_2, \ldots, C_n\},$$

J induit une involution sans points fixes :

$$C_i \to JC_i = C_i' \in \{C_1, \ldots, C_n\}.$$

NOTATION :

$$J|C_i = \psi_i : C_i \to C_i'$$

$(\psi_i' = \psi_i^{-1})$.

L'IDENTITE FONDAMENTALE : Soit $r \in M_3(f)$ et $f^{-1}f(r) = \{r, r', r''\} \subset S_2$. Chaque point triple étant un croisement de lignes doubles, on a $C_i, C_j, C_k \in \pi_o M^2(f)$, tels que, dans le germe de S_2 autour de $\{r, r', r''\}$, on trouve le dessin fondamental suivant :

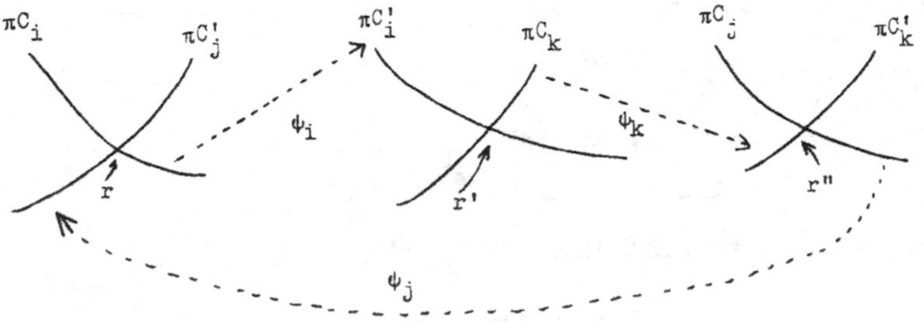

avec

$$\boxed{r = \psi_j \psi_k \psi_i (r)}$$

(ici on a commis un abus de notation en omettant des π, π^{-1}).

On remarque qu'à partir de la donnée

$$(M^2(f), \pi, J|M^2(f))$$

on peut reconstruire complètement l'espace fS_2.

Par définition :

$$\boxed{d(f) = \text{card } \pi_o M^2(f) = n.}$$

<u>Etape 2°.</u> (LA TOUR ELEMENTAIRE). On considère un voisinage régulier C^{∞} :

$$fS_2 \subset N(fS_2) \subset V_3,$$

un revêtement (connexe, pas nécessairement non trivial), $V_3^* \xrightarrow[p_*]{} N(fS_2)$, et un relèvement de f dans V_3^* :

$$\begin{array}{ccccccc}
S_2 & \xrightarrow{f_*} & f_*S_2 & \overset{\sim}{\hookrightarrow} & N(f_*,S_2) & \hookrightarrow & V_3^* \\
\downarrow{\scriptstyle id} & & \downarrow{\scriptstyle p_*} & & & \swarrow{\scriptstyle p_*} & \\
S_2 & \xrightarrow{f} & fS_2 & \overset{\sim}{\hookrightarrow} & N(f,S_2) & \hookrightarrow & V_3.
\end{array}$$

<u>Sorites</u> : a) Il existe une inclusion canonique $M^2(f_*) \hookrightarrow M^2(f)$ (compatible avec J) et donnant lieu à des diagrammes commutatifs :

$$\begin{array}{ccc}
 & \overset{\pi_*}{\nearrow} & S_2 \\
\pi_o M^2 f_* \ni C_i & & \downarrow{\scriptstyle id} \\
 & \underset{\pi}{\searrow} & S_2
\end{array}$$

b) Soit $V_3^* \xrightarrow[p_*]{} N$ le revêtement <u>universel</u> et $(C_i, C_i') \in \pi_o M^2 f - \pi_o M^2 f^*$.

Il existe alors un isomorphisme (Deckbewegung) <u>unique</u> : $\tau : V_3^* \to V_3^*$, tel que :

$$f_*\pi_*C_i' = \tau f_*\pi_*C_i \subset f_*S_2 \cap \tau(f_*S_2).$$

Réciproquement, chaque "intersection" de f_*S_2 avec un $\tau(f_*S_2)$ provient d'une telle paire (C_i, C_i').

[En effet, $f_*S_2 \subset V_3^* \sim (fS_2)^*$ = revêtement universel de fS_2, est un "domaine fondamental" :

$$(fS_2)^* = \bigsqcup_{\tau \in \pi_1(fS_2)} \tau(f_*S_2).$$

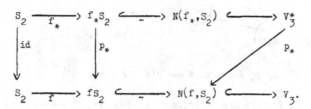

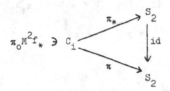

Chaque singularité $+$, en bas (dans fS_2) provient, ou bien d'une singularité $+$ en haut (dans $(fS_2)^*$), donc de $M^2f_* \hookrightarrow M^2f$, ou bien d'une intersection $f_*S_2 \cap \tau f_*S_2$. Ceci va correspondre aux points doubles de $M^2f - M^2f_*$.

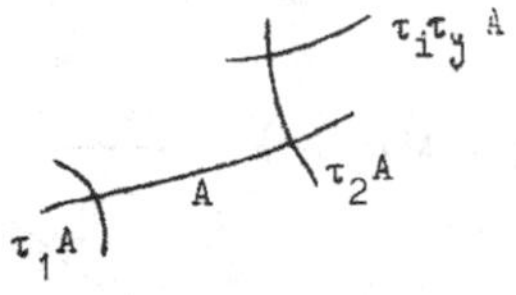

$(A = f_*S_2)$].

c) Si $p_* \neq$ identité $\Longrightarrow d(f_*) < d(f)$.

[Autrement, d'après la dernière remarque de l'étape 1°, on aurait un isomorphisme naturel $f_*S_2 \approx fS_2$ qui induirait une section de p_*].

d) On considère toujours le cas où $V_3^* \xrightarrow{p_*} N$ est le revêtement universel. Si H_1N est <u>infini</u>, il existe $\tau \in \pi_1N - \mathrm{Tor}\ \pi_1N$, tel que

$$\tau f_*S_2 \cap f_*S_2 \neq \emptyset.$$

[On considère :

$$\pi_1N \xrightarrow{\chi = \text{Hurewicz}} H_1N \supset \mathrm{Tor}\ H_1N.$$

Notre hypothèse est que $H_1N - \mathrm{Tor}\ H_1N \neq \emptyset$.

On a :

$$(fS_2)^* = \bigcup_{\tau' \in \chi^{-1}(\mathrm{Tor}\ H_1N)} \tau' f_*S_2 + \bigcup_{\tau'' \in \pi_1N - \chi^{-1}(\mathrm{Tor}\ H_1N)} \tau'' f_*S_2 \ .$$

Puisque $(fS_2)^*$ est connexe, on trouve des τ', τ'' comme ci-dessus tels que

$$\tau' f_*S_2 \cap \tau'' f_*S_2 \neq \emptyset.$$

On a : $\tau'(\tau'')^{-1} \notin \mathrm{Tor}\ \pi_1N$, e.a.d.s.].

<u>Etape-clef 3°.</u> (Etude du cas où $\pi_1V_3^* = 0$ (V_3^* universel), H_1N est infini, et $d(f_*) = 0$).

<u>Lemme 3.-</u> "Si $\pi_1 V_3^* = 0$, $H_1 N$ = infini, $d(f_*) = 0$, il existe une paire $(C_i, C_i') \in \pi_0 M^2(f)$, telleque :

α) C_i, C_i' sont distinctes.

β) C_i et C_i' sont simples.

γ) C_i et C_i' sont <u>disjointes</u>".

<u>Démonstration</u> : α) résulte (pour toute paire (C_i, C_i')) du lemme 2. On a $d(f_*) = 0$, donc f_* est un <u>plongement</u> $S_2 \hookrightarrow (fS_2)^*$, et $M^2 f_* = \emptyset$. D'après la sorite b), (C_i, C_i') provient d'une intersection $S_2 \cap \tau S_2 = f_* S_2 \cap \tau f_* S_2$. D'une manière plus précise, d'après la même sorite b), il existe un $\tau = \tau(C_i, C_i') \in \pi_1 N$ = (automorphismes de revêtement) unique tel que :

$$\begin{array}{ccc} C_i' & \xrightarrow{\ \pi\ } & S_2 = f_* S_2 \subset (fS_2)^* \\ \uparrow \psi_i & & \uparrow \tau \\ C_i & \xrightarrow{\ \pi\ } & S_2 = f_* S_2 \subset (fS_2)^* \end{array}$$

soit commutatif :

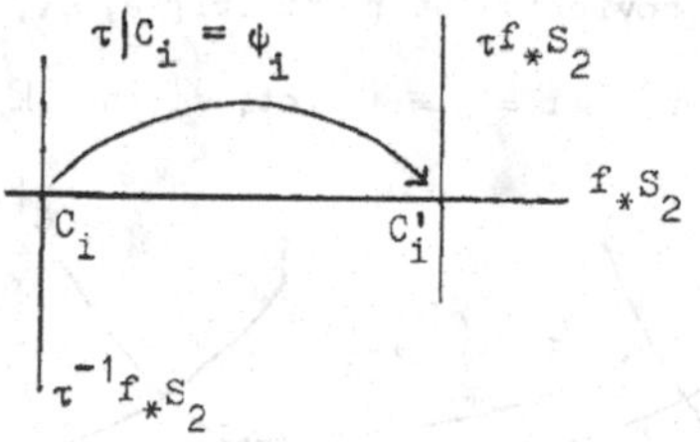

(Bien entendu $\tau(C_i', C_i) = \tau(C_i, C_i')^{-1}$). Ceci rend β) évident, pour toute paire (C_i, C_i') .

Pour montrer γ) on commence par la remarque suivante : Dans <u>le dessin fondamental</u>, les ψ_i, ψ_j, ψ_k seront induites par des automorphismes du revêtement (Deckbewegungen).

$$\tau(C_i,C_i') = \tau_i = \psi_i \quad (\text{ou plutôt} \quad \tau_i|C_i = \psi_i)$$
$$\tau(C_j,C_j') = \tau_j = \psi_j$$
$$\tau(C_k,C_k') = \tau_k = \psi_k$$

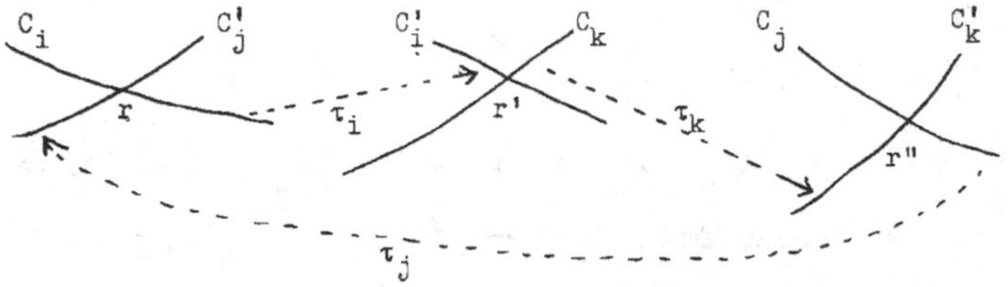

Ici $\tau_i,\tau_j,\tau_k \in \pi_1(N) \approx \mathrm{Aut}(V_3^*)$ et <u>l'identité fondamentale devient une relation du groupe</u> $\pi_1(N)$:

$$\boxed{\tau_j\tau_k\tau_i = 1 \in \pi_1 N}$$

D'après la sorite d) il existe un $\tau_1 \in \pi_1 N$, d'ordre ∞ et une paire (C_1,C_1') telle que

$$\tau(C_1,C_1') = \tau_1 .$$

Si $C_1 \cap C_1' \neq \emptyset$, $r \in C_1 \cap C_1'$ provient d'un point triple, et, au voisinage de $f^{-1}fr$ on a le dessin fondamental, avec $i = j = 1$ (et, disons $k = 2$)

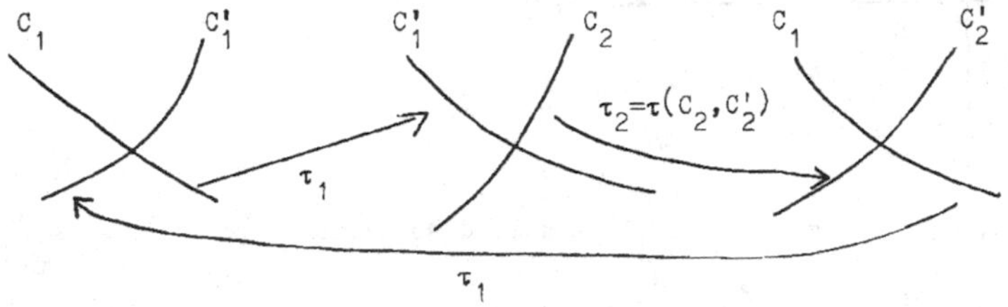

L'identité fondamentale devient :

$$\tau_2 = \tau_1^{-2} \quad (\text{dans } \pi_1 N).$$

Si $C_2 \cap C_2' \neq \emptyset$ on trouve, de la même manière, un $\tau(C_3,C_3') = \tau_3$ avec :

$$\tau_3 = \tau_2^{-2} = \tau_1^4 .$$

On peut continuer (indéfiniment, à moins de tomber sur une paire $C_m \cap C'_m = \emptyset$, auquel cas on a fini la démonstration), et chaque fois le τ respectif est une puissance de τ_1. Ces puissances sont distinctes. Puisqu'on n'a qu'un nombre fini de paires (C_i, C'_i), on aura forcément :

$$\exists\, p \neq q\,, \quad (C_p, C'_p) = (C_q, C'_q) \Longrightarrow \tau(C_p, C'_p) = \tau(C_q, C'_q) \Longrightarrow$$

donc τ_1 serait d'ordre fini, ce qui est absurde.

<u>REMARQUE</u> : Quand on a un $f : S_2 \to V_3$ et $(C_i, C'_i) \in \pi_o M^2 f$ avec les propriétés $\alpha), \beta), \gamma)$ du lemme 3, on peut remplacer f par une autre immersion générique non homotope à 0, <u>plus simple</u> (moins de lignes doubles et de points triples). En effet, considérons S_2/ψ_i = l'espace quotient de S_2 où chaque $x \in C_i$ est identifié avec $\psi_i x \in C'_i$. $f : S_2 \to V_3$ se factorise par S_2/ψ_i et à partir de S_2/ψ_i on fabrique deux sphères singulières plus simples, dont l'une au moins ne sera pas ~ 0.

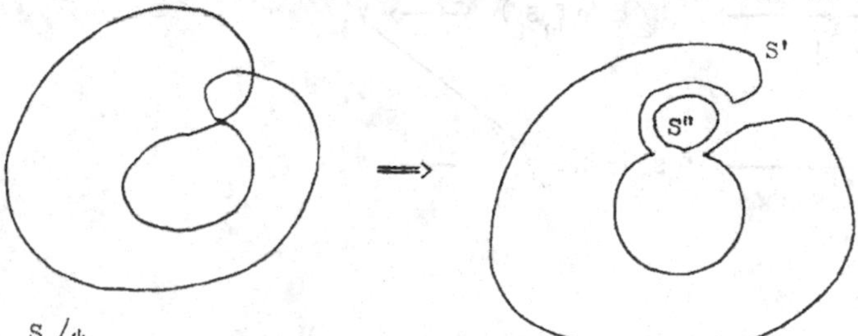

S_2/ψ_i

<u>Etape 4°</u> (La tour complète).

<u>Lemme 4.-</u> Soit M_3 une variété compacte, à bord $\neq \emptyset$, avec $\pi_1 M_3$ fini. Alors ∂M_3 est une collection de sphères S_2, qui engendrent le $\pi_1 M_3$-module, $\pi_2 M_3$.

(Ceci est un exercice facile. Pour pouvoir faire une démonstration du sphere theorem par une tour à 2 feuillets il faudrait pouvoir affaiblir les conditions de ce lemme).

$\Longrightarrow$ Si $\pi_1 N(fS_2)$ = fini on a terminé la démonstration, car au moins, l'une des composantes de $\partial N(fS_2)$ sera $\not\sim 0$ (dans V_3).

Si $\pi_1 N(fS_2)$ = infini on construit un PREMIER ETAGE DE LA TOUR (c'est "l'étage de J.H.C. Whitehead"), comme suit. On commence par fabriquer la tour élémentaire universelle V_3^*,...

Il y aura sûrement un $\tau \in \pi_1 N$ tel que :

$$\tau f_* S_2 \cap f_* S_2 \neq \emptyset,$$

donc un $(C_i, C_i') \in \pi_0 M^2 f - \pi_0 M^2 f_*$ tel que :

$$\tau(C_i, C_i') = \tau.$$

Soit $\pi \subset \pi_1 N$, le sous-groupe cyclique engendré par τ, $V_3^1 \xrightarrow[p_1]{} N$ le revêtement correspondant, et la tour élémentaire (qui pourrait être triviale mais dans ce cas, on saurait, a priori, que $\pi_1 N$ est <u>abélien</u> $\Longrightarrow$ ($\pi_1 N$ infini $\rightarrow H_1 N$ infini), voir la fin de la démonstration):

$$\begin{array}{ccccccc}
S_2 & \xrightarrow{f_1} & f_1 S_2 & \subset & N(f_1 S_2) & \hookrightarrow & V_3^1 \\
\Big\downarrow{\scriptstyle id} & & & & & \swarrow{\scriptstyle p_1} & \\
S_2 & \xrightarrow{f=f_o} & f_o S_2 & \subset & N(f_o S_2) & \hookrightarrow & V_3 = V_3^o
\end{array}$$

$(\pi_1 V_3^1 = \pi)$.

<u>Lemme 5.-</u> $M_2 f_1 \neq \emptyset$ (c'est-à-dire que f_1 est <u>singulière</u>).

[En effet, le couple (C_i, C_i') continue à exister dans $M^2 f_1$].

A partir de ce premier étage, on construit des étages universels :

$$\begin{array}{ccccccc}
S_2 & \xrightarrow{f_{i+1}} & f_{i+1} S_2 & \subset & N(f_{i+1} S_2) & \hookrightarrow & V_3^{i+1} \\
\Big\downarrow{\scriptstyle id} & & \Big\downarrow & & \Big\downarrow & \swarrow{\scriptstyle p_{i+1}} & \\
S_2 & \xrightarrow{f_i} & f_i S_2 & \subset & N(f_i S_2) & \hookrightarrow & V_3^i,
\end{array}$$

(avec $\pi_1 V_3^{i+1} = 0$). On s'arrête dès que

$$\pi_1 N(f_n S_2) = \text{fini},$$

ce qui doit arriver après un nombre fini de pas (d décroît ...).

[Donc, pour résumer :

$\pi_1 V_3^1$ = groupe <u>abélien</u>, $\neq 0$

$\pi_1 V_3^{i+1} = 0$

$\pi_1 N_n$ = fini

$\pi_1 N_i$ = infini (si $i < n$)].

Maintenant, il y a deux cas : si f_n est singulier,

$$\partial N_n = S_2^1 \cup \ldots \cup S_2^k \quad (k > 1)$$

et chacun des S_2^i, si on le descend au niveau 0 est plus simple que f (démonstration laissée au lecteur). L'un au moins est $\not\sim 0$ (dans V_3^0), d'après le lemme 4, c.q.f.d.

<u>Le cas difficile</u> est celui où f_n est non-singulier. On est sûrs, alors (lemme 5) que $n > 1$, donc $n-1 > 0$ ce qui fait que :

$$V_3^{n-1} = \begin{cases} V_3^1 \\ \text{ou} \\ V_3^{i+1} \end{cases} \Longrightarrow \pi_1 V_3^{n-1} \text{ est } \underline{\text{abélien}}.$$

De même $V_3^n \xrightarrow{p_n} N_{n-1}$ est la tour élémentaire <u>universelle</u>.

<u>Sous-cas</u> $H_1 N_{n-1}$ <u>= infini</u> : On peut appliquer l'étape-clef 3° et <u>simplifier</u> f_{n-1} (donc en descendant au niveau 0, simplifier f).

<u>Sous-cas</u> $H_1 N_{n-1}$ <u>= fini</u> :

$H_1 N_{n-1}$ = fini $\Longrightarrow \partial N_{n-1}$ = union de sphères

$\Longrightarrow$ (Van Kampen) $0 \to \pi_1 N_{n-1} \to \pi_1 V_3^{n-1}$ exacte

$\Longrightarrow \pi_1 N_{n-1}$ est abélien $\Longrightarrow \pi_1 N_{n-1} = H_1 N_{n-1}$

$\Longrightarrow \pi_1 N_{n-1}$ = <u>fini</u> $\Longrightarrow$ la tour s'arrête déjà au niveau n-1 et le niveau n n'existe pas (contradiction, donc $H_1 N_{n-1}$ = infini).

[Notre raisonnement tourne autour du diagramme suivant, qui représente le <u>dernier étage de la tour</u> :

$$\begin{array}{lcccl} \pi_1 = \text{fini} & N_n & \hookrightarrow & V_n & \pi_1 = 0 \\ & & \swarrow & & \text{revêtement universel} \\ \pi_1 = ? & N_{n-1} & \hookrightarrow & V_{n-1} & \pi_1 = \text{abélien}]. \end{array}$$

Ceci finit la démonstration.

<u>COMMENTAIRES.</u>

1) Si l'on compare cette démonstration avec celle du lemme de Dehn-loop thm, on a dans les deux cas une tour (à 2 feuillets seulement dans le cas du lemme de D.), une analyse du dernier étage (qui nous produit là-bas quelque chose du genre qu'on veut), et une descente. Contrairement àla situation du lemme de Dehn où l'analyse du dernier étage est une trivialité, elle est ici très délicate.

2) La technique de la démonstration consiste essentiellement dans la considération de revêtements universels (galoisiens) $E^* \to E$, d'ensembles "minimaux" (genre domaines fondamentaux) $Y \subset E^*$ et de l'analyse des intersections $Y \cap \tau Y$ où τ est une Deckbewegung (on " promène Y dans E^*").

Cette technique est apparentée à celle qui consiste à analyser $XA \cap \tau YA$ où A est un cocycle étroit, non trivial, pour démontrer le thm sur les groupes à une infinité de bouts.

Vol. 310: B. Iversen, Generic Local Structure of the Morphisms in Commutative Algebra. IV, 108 pages. 1973. DM 16,–

Vol. 311: Conference on Commutative Algebra. Edited by J. W. Brewer and E. A. Rutter. VII, 251 pages. 1973. DM 22,–

Vol. 312: Symposium on Ordinary Differential Equations. Edited by W. A. Harris, Jr. and Y. Sibuya. VIII, 204 pages. 1973. DM 22,–

Vol. 313: K. Jörgens and J. Weidmann, Spectral Properties of Hamiltonian Operators. III, 140 pages. 1973. DM 16,–

Vol. 314: M. Deuring, Lectures on the Theory of Algebraic Functions of One Variable. VI, 151 pages. 1973. DM 16,–

Vol. 315: K. Bichteler, Integration Theory (with Special Attention to Vector Measures). VI, 357 pages. 1973. DM 26,–

Vol. 316: Symposium on Non-Well-Posed Problems and Logarithmic Convexity. Edited by R. J. Knops. V, 176 pages. 1973. DM 18,–

Vol. 317: Séminaire Bourbaki – vol. 1971/72. Exposés 400–417. IV, 361 pages. 1973. DM 26,–

Vol. 318: Recent Advances in Topological Dynamics. Edited by A. Beck. VIII, 285 pages. 1973. DM 24,–

Vol. 319: Conference on Group Theory. Edited by R. W. Gatterdam and K. W. Weston. V, 188 pages. 1973. DM 18,–

Vol. 320: Modular Functions of One Variable I. Edited by W. Kuyk. V, 195 pages. 1973. DM 18,–

Vol. 321: Séminaire de Probabilités VII. Edité par P. A. Meyer. VI, 322 pages. 1973. DM 26,–

Vol. 322: Nonlinear Problems in the Physical Sciences and Biology. Edited by I. Stakgold, D. D. Joseph and D. H. Sattinger. VIII, 357 pages. 1973. DM 26,–

Vol. 323: J. L. Lions, Perturbations Singulières dans les Problèmes aux Limites et en Contrôle Optimal. XII, 645 pages. 1973. DM 42,–

Vol. 324: K. Kreith, Oscillation Theory. VI, 109 pages. 1973. DM 16,–

Vol. 325: Ch.-Ch. Chou, La Transformation de Fourier Complexe et L'Equation de Convolution. IX, 137 pages. 1973. DM 16,–

Vol. 326: A. Robert, Elliptic Curves. VIII, 264 pages. 1973. DM 22,–

Vol. 327: E. Matlis, 1-Dimensional Cohen-Macaulay Rings. XII, 157 pages. 1973. DM 18,–

Vol. 328: J. R. Büchi and D. Siefkes, The Monadic Second Order Theory of All Countable Ordinals. VI, 217 pages. 1973. DM 20,–

Vol. 329: W. Trebels, Multipliers for (C, α)-Bounded Fourier Expansions in Banach Spaces and Approximation Theory. VII, 103 pages. 1973. DM 16,–

Vol. 330: Proceedings of the Second Japan-USSR Symposium on Probability Theory. Edited by G. Maruyama and Yu. V. Prokhorov. VI, 550 pages. 1973. DM 36,–

Vol. 331: Summer School on Topological Vector Spaces. Edited by L. Waelbroeck. VI, 226 pages. 1973. DM 20,–

Vol. 332: Séminaire Pierre Lelong (Analyse) Année 1971-1972. V, 131 pages. 1973. DM 16,–

Vol. 333: Numerische, insbesondere approximationstheoretische Behandlung von Funktionalgleichungen. Herausgegeben von R. Ansorge und W. Törnig. VI, 296 Seiten. 1973. DM 24,–

Vol. 334: F. Schweiger, The Metrical Theory of Jacobi-Perron Algorithm. V, 111 pages. 1973. DM 16,–

Vol. 335: H. Huck, R. Roitzsch, U. Simon, W. Vortisch, R. Walden, B. Wegner und W. Wendland, Beweismethoden der Differentialgeometrie im Großen. IX, 159 Seiten. 1973. DM 18,–

Vol. 336: L'Analyse Harmonique dans le Domaine Complexe. Edité par E. J. Akutowicz. VIII, 169 pages. 1973. DM 18,–

Vol. 337: Cambridge Summer School in Mathematical Logic. Edited by A. R. D. Mathias and H. Rogers. IX, 660 pages. 1973. DM 42,–

Vol. 338: J. Lindenstrauss and L. Tzafriri, Classical Banach Spaces. IX, 243 pages. 1973. DM 22,–

Vol. 339: G. Kempf, F. Knudsen, D. Mumford and B. Saint-Donat, Toroidal Embeddings I. VIII, 209 pages. 1973. DM 20,–

Vol. 340: Groupes de Monodromie en Géométrie Algébrique. (SGA 7 II). Par P. Deligne et N. Katz. X, 438 pages. 1973. DM 40,–

Vol. 341: Algebraic K-Theory I, Higher K-Theories. Edited by H. Bass. XV, 335 pages. 1973. DM 26,–

Vol. 342: Algebraic K-Theory II, "Classical" Algebraic K-Theory, and Connections with Arithmetic. Edited by H. Bass. XV, 527 pages. 1973. DM 36,–

Vol. 343: Algebraic K-Theory III, Hermitian K-Theory and Geometric Applications. Edited by H. Bass. XV, 572 pages. 1973. DM 38,–

Vol. 344: A. S. Troelstra (Editor), Metamathematical Investigation of Intuitionistic Arithmetic and Analysis. XVII, 485 pages. 1973. DM 34,–

Vol. 345: Proceedings of a Conference on Operator Theory. Edited by P. A. Fillmore. VI, 228 pages. 1973. DM 20,–

Vol. 346: Fučík et al., Spectral Analysis of Nonlinear Operators. II, 287 pages. 1973. DM 26,–

Vol. 347: J. M. Boardman and R. M. Vogt, Homotopy Invariant Algebraic Structures on Topological Spaces. X, 257 pages. 1973. DM 22,–

Vol. 348: A. M. Mathai and R. K. Saxena, Generalized Hypergeometric Functions with Applications in Statistics and Physical Sciences. VII, 314 pages. 1973. DM 26,–

Vol. 349: Modular Functions of One Variable II. Edited by W. Kuyk and P. Deligne. V, 598 pages. 1973. DM 38,–

Vol. 350: Modular Functions of One Variable III. Edited by W. Kuyk and J.-P. Serre. V, 350 pages. 1973. DM 26,–

Vol. 351: H. Tachikawa, Quasi-Frobenius Rings and Generalizations. XI, 172 pages. 1973. DM 18,–

Vol. 352: J. D. Fay, Theta Functions on Riemann Surfaces. V, 137 pages. 1973. DM 16,–

Vol. 353: Proceedings of the Conference on Orders, Group Rings and Related Topics. Organized by J. S. Hsia, M. L. Madan and T. G. Ralley. X, 224 pages. 1973. DM 20,–

Vol. 354: K. J. Devlin, Aspects of Constructibility. XII, 240 pages. 1973. DM 22,–

Vol. 355: M. Sion, A Theory of Semigroup Valued Measures. V, 140 pages. 1973. DM 16,–

Vol. 356: W. L. J. van der Kallen, Infinitesimally Central Extensions of Chevalley Groups. VII, 147 pages. 1973. DM 16,–

Vol. 357: W. Borho, P. Gabriel und R. Rentschler, Primideale in Einhüllenden auflösbarer Lie-Algebren. V, 182 Seiten. 1973. DM 18,–

Vol. 358: F. L. Williams, Tensor Products of Principal Series Representations. VI, 132 pages. 1973. DM 16,–

Vol. 359: U. Stammbach, Homology in Group Theory. VIII, 183 pages. 1973. DM 18,–

Vol. 360: W. J. Padgett and R. L. Taylor, Laws of Large Numbers for Normed Linear Spaces and Certain Fréchet Spaces. VI, 111 pages. 1973. DM 16,–

Vol. 361: J. W. Schutz, Foundations of Special Relativity: Kinematic Axioms for Minkowski Space Time. XX, 314 pages. 1973. DM 26,–

Vol. 362: Proceedings of the Conference on Numerical Solution of Ordinary Differential Equations. Edited by D. Bettis. VIII, 490 pages. 1974. DM 34,–

Vol. 363: Conference on the Numerical Solution of Differential Equations. Edited by G. A. Watson. IX, 221 pages. 1974. DM 20,–

Vol. 364: Proceedings on Infinite Dimensional Holomorphy. Edited by T. L. Hayden and T. J. Suffridge. VII, 212 pages. 1974. DM 20,–

Vol. 365: R. P. Gilbert, Constructive Methods for Elliptic Equations. VII, 397 pages. 1974. DM 26,–

Vol. 366: R. Steinberg, Conjugacy Classes in Algebraic Groups (Notes by V. V. Deodhar). VI, 159 pages. 1974. DM 18,–

Vol. 367: K. Langmann und W. Lütkebohmert, Cousinverteilungen und Fortsetzungssätze. VI, 151 Seiten. 1974. DM 16,–

Vol. 368: R. J. Milgram, Unstable Homotopy from the Stable Point of View. V, 109 pages. 1974. DM 16,–

Vol. 369: Victoria Symposium on Nonstandard Analysis. Edited by A. Hurd and P. Loeb. XVIII, 339 pages. 1974. DM 26,–

Vol. 370: B. Mazur and W. Messing, Universal Extensions and One Dimensional Crystalline Cohomology. VII, 134 pages. 1974. DM 16,–